中小学生最爱的
科普丛书

海洋的故事

HAIYANG DE GUSHI

田 雨 编

时代出版传媒股份有限公司
安徽科学技术出版社

海洋的故事
HAIYANG DE GUSHI

前 言
FOREWORD

浩瀚而又神秘的海洋里,有着最古老的生命,有着最绚丽的色彩,也有着最有趣的故事。人们总是对它有着无尽的向往和探索。在这里,你可以了解到海洋里的生物种类有多么的丰富多彩,海洋资源又是多么的富饶。随着探测技术的发展,我们已经揭开了笼罩在海洋上的一些迷雾,看到了海洋的"真实"面孔,然而还有更多的不解之迷摆在人类面前,吸引着更多的人去探索海洋的秘密。

21世纪被称为海洋的世纪。只有充分利用各种海洋资源,一个国家才可以得到发展。要很好地开发海洋资源,就必须深刻地、清晰地了解它,这样才能为人类所利用。

本书共分为四部分,分别是"海洋地理""海洋的气候""海洋生物"和"人与海洋"。全书从海洋的诞生讲起,一直讲述到人类的现代化生活给海洋带来的影响。

跟我们来吧! 走进这美丽神奇的海洋世界,去感受一个个惊险有趣的海洋故事。相信你一定会有所收获!

CONTENTS

海洋地理

海洋的气候

海洋生物

人与海洋

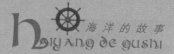

海洋地理

一 海洋的诞生

▼ 在最初的数亿年里,地球上的地震、火山喷发现象随处可见。地面上的水蒸气受热蒸发,在空中浓聚成云,云又化作倾盆大雨降落到地面,汇集成原始的海洋……

大约 46 亿年前,我们的地球才刚刚形成,那时候它如同一个大火球,温度非常高。由于地球形成早期还不稳定,地壳还很薄,所以那时常会有岩浆活动或火山活动发生。

在地球诞生的最初几亿年里,地球上的水很少,只有空气中潮湿的蒸汽。那时还没有海洋,甚至连湖都没有。大多数的水都是以蒸汽的形式存在于炽热的地心中,或者以结构水、结晶水等形式贮存于地下岩石中。

随着地热的增高,地球内部的水蒸气及其他气体越聚越多,终于胀破了坚实的地壳喷了出来。由于当时地表的温度比现在要高得多,所以大气层中以气体形式存在的水分也相当多。后来随着地表温度逐渐下降,加上冷却不均,空气对流加剧,喷到空气中的大量水蒸气立即结成浓云。大约就是在 20 亿到 30 亿年前,这些浓云化作倾盆大雨落到地面上,这样雨一直下了很久很久。

但是地表的温度仍然很高，水滴还没有接触到地表就又被蒸发为气态的水了。这样过了几百万年，地球上的雨一直没有停过。直到地表的温度降到了100℃以下，降落到地面的水才慢慢汇集起来。滔滔的洪水，通过千川万壑汇集成巨大的水体，形成了原始的海洋。在这过程中，氢、二氧化碳、氨和甲烷等，有一部分被带入了原始海洋。此外，还有许多矿物质和有机物陆续随水汇集海洋。之后再经过地质历史上的沧桑巨变，原始海洋逐渐演变成今天的海洋。

原始海洋中的海水量较少，据估计，约为目前海水量的1/10，在几十亿年的地质过程中，水不断地从地球内部溢出来，使地表水量不断增加。现在地球上的海水总量是地球诞生以来经过十亿年甚至几十亿年的逐渐积累形成的。

原始的海洋中的水分不断蒸发，反复地形云致雨，重新落回地面，把陆地和海底岩石中的盐分溶解，不断地汇集于海水中。经过亿万年的积累融合，才变成了大体均匀的咸水。同时，由于大气中当时没有氧气，也没有臭氧层，紫外线可以直达地面，靠海水的保护，生物首先在海洋里诞生了。大约38亿年前，即在海洋里产生了有机物，先有低等的单细胞生物。在6亿年前的古生代，有了海藻类，在阳光下进行光合作用，产生了氧气，慢慢积累形成了臭氧层。此时，生物才开始登上陆地。

从此，地球开始了生命的进程，逐渐出现形形色色的植物和动物，世界开始变得丰富起来。

地球上水的来历

1 200多年前，大诗人李白就曾写到"君不见黄河之水天上来，奔流到海不复回"的佳句。那地球上的水真的是从天上来的吗？关于地球上水的来历，科学界目前还存在着不同的看法：

第一种看法是由地球内部释放出来的初生水转化而来的，地球从原始太阳星云中凝聚出来时，便携带这部分水。

第二种看法是地球上的水是太阳风的杰作，地球吸收太阳风中的氢并与氧结合，就可产生水。

第三种看法是来自外太空闯入地球的冰彗星雨带来的。

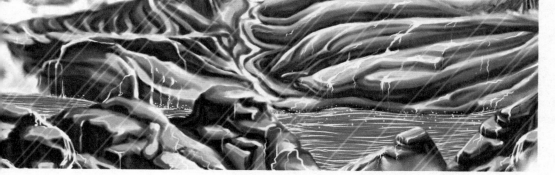

一 地球上的海和洋

①东白令海　⑨纽芬兰岛　　乔治敦　　㉑伊比利亚半岛　红海　　塔斯曼海　　琉球群岛　拉普帖夫海
②阿拉斯加海湾　⑩夏威夷群岛　西格陵兰岛　地中海　　添加拉海　巴斯海峡　塔拉克海　落拉海
③加利福尼亚海　太平洋中美洲海岸　东格陵兰岛　加那里群岛　泰加利亚海　澳大利亚海　千岛群岛　冰岛
④加利福尼亚湾　⑪加勒比海　巴伦支海　几内亚湾　沙克湾　郭霍茨克海　法罗群岛
⑤墨西哥湾　⑫惠灵顿岛　挪威海　本格拉　苏拉威西海　新西兰海　西白令海　罗斯海
⑥美国东南部海岸　⑬火地岛　北海　莫桑比克海峡　班达海　帝汉海　楚克其海　哈得孙海
⑦美国东北部海岸　⑭布兰卡加　波罗的海　卡奔塔利亚湾　中国东海　波弗特海　北冰洋
⑧新斯科舍　⑮阿拉卡加　比斯开湾　索马里海　阿拉伯海　大堡礁　黄海　东西伯利亚海

▲ 世界海洋分布图

广阔无垠的海洋，从蔚蓝到碧绿，美丽而又壮观。我们常说的海洋，这只是人们长久以来习惯性的称谓，严格地讲，海与洋其实是两个不同的概念。海洋是一个统称，它的主体是海水，包括海内生物、邻近海面的大气、围绕海洋边缘的海岸以及海底等几部分。洋是海洋的中心部分，是海洋的主体，海是洋的边缘部分，与陆地相连。洋和海彼此沟通，组成统一的世界海洋，又称世界大洋。

人们对世界海洋的划分，有着种种不同的观点，各国也不完全一致。有的国家分为五大洋，除了大西洋、太平洋、印度洋和北冰洋四大洋之外，还有南大洋；有的国家分为三大洋：大西洋、太平洋、印度洋。而我国一般分为四大洋：太平洋、大西洋、印度洋、北冰洋。这与世界上大多数的国家观点一致。值得一提的是，太平洋是世界上面积最大的洋，其余依次为大西洋、印度洋、北冰洋，这三大洋的面积共占全世界海洋面积的88.2%，这中间北冰洋的面积最小。可以这样讲，洋与洋之间的任何界限都是相对的，地球上只存在一个统一的海洋。

与这么大面积的海洋相对应的就是我们人类生存的地方——陆地。大陆和海洋共同构成了我们美丽的地球家园，可是海洋的面积比陆地面积要大得多。根据科学家计算，地球的表面积约为5.1亿平方千米，海洋占据了其中的70.8%，即3.61亿平方千米，剩余的1.49亿平方千米为陆地，其面积仅为地球表面积的29.2%。也就是说，地球上的陆地还不足三分之一。所以，宇航员从太空中看到的地球，是一个蓝色的"水球"，而我们人类居住的广袤大陆实际上不过是点缀在一片汪洋中的几个"岛屿"而已。因此，有人建议将地球改为"水球"也不是没有道理的。

海洋总水量为13.7亿立方千米，占全球总水量的96%以上。如果把全部海水集中起来，聚成一个大水球的话，它的直径约有1500千米。如果将海洋的水平铺在地球表面，整个地球的水层厚度将达到2600多米。

此外，地球上的海洋是相互连通的，构成统一的世界大洋；而陆地是相互分离的，因此没有统一的世界大陆。在地球表面，是海洋包围、分割所有的陆地，而不是陆地分割海洋。

由于海洋在地球表面分布是不均匀的，这点我们可以从"南、北半球海陆分布图"上看出。除了北纬45°~70°以及南纬70°的南极地区，陆地面积大于海洋面积之外，在其余大多数纬度上的海洋面积都大于陆地，而在南纬56°~65°，几乎没有陆地，完全被海水所环绕。此外还有，南极是陆，北极是海；北半球高纬度地区是大陆集中的地方，而南半球的高纬度区却是三大洋连成一片。所以我们可以以赤道附近为标准，将地球分成南、北两个半球；另外，我们也可以把南半球称作水半球，把北半球称作陆半球。

海洋　　　　　　　　　陆地

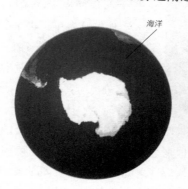

▲ 从南极俯视南半球　　　　　　▲ 从北极俯视北半球

大陆漂移说

3亿年前，地球上的陆地是一个巨大整体，称为"泛古陆"，在泛古陆周围则是统一的泛大洋

大约在2亿年前，由于地球自转产生的离心力和天体引潮力的长期作用，泛古陆开始分裂。比重轻的硅铝层陆块，像冰块浮在水面上一样，在较重的硅镁层上漂移

5亿年前的岩石
20亿年前的岩石
大陆架

▲ 从地图上看，非洲大陆和南美洲大陆的外廓何等相似！另外科学家们还发现两块大陆岩石的形成时期都有着惊人的相似。

早在公元1620年，英国人培根就已经发现，在地球仪上，南美洲东岸同非洲西岸可以很完美地衔接在一起。到了1912年，德国科学家魏格纳根据大洋岸弯曲形状的某些相似性，提出了大陆漂移的假说。

说起魏格纳大陆漂移假说的提出还是一个有趣的故事。1910年的一天，年轻的德国科学家魏格纳躺在病床上，目光正好落在墙上一幅世界地图上。"奇怪！大西洋两岸大陆轮廓的凹凸，为什么竟如此吻合？"他的脑海里再也平静不下来：非洲大陆和南美洲大陆以前会不会是连在一起的，也就是说它们之间原来并没有大西洋，只是后来因为受到某种力的作用才破裂分离，大陆会不会是漂移的。以后，魏格纳通过调查研究，从古生物化石、地层构造等方面找到了一些大西洋两岸相同或相吻合的证据。结果得出，两岸的地形之间具有交错的关系，特别是南美的东海岸和非洲的西海岸之间，相互对应，简直就可以拼合在一起。对此，魏格纳作了一个简单的比喻：这就好比一张被撕破的报纸，不仅能把它拼合起来，而且拼合后的印刷文字和行列也恰

好吻合。

1912 年，魏格纳通过查阅各种资料，根据大西洋两岸的大陆形状，地质构造和古生物等方面的相似性，正式提出了"大陆漂移假说"。在当时，他的假说被认为是荒谬的。因为在这以前，人们一直认为七大洲、四大洋是固定不变的。为了进一步寻找大陆漂移的证据，魏格纳只身前往北极地区的格陵兰岛探险考察，在他 50 岁生日的那一天，不幸遇难。值得告慰的是，他的大陆漂移假说，现在已被大多数人所接受。这一伟大的科学假说，以及由此而发展起来的板块学说，使人类重新认识了地球。

魏格纳虽然没有亲眼看到"大陆漂移假说"的胜利就离开了人世，然而，由于这一学说本身所具有的强大生命力，随着时间的推移，终于被越来越多的人所认识和肯定。20世纪 50 年代以来，科学观测的一些发现，为"大陆漂移假说"提供了充分的证据，使这一学说在地质学中已赢得了它应有的地位。不仅如此，魏格纳最早发现大陆漂移这一事实，还为以后的"海底扩张学说"和"板块构造学说"打下了坚实基础。魏格纳这位全球构造理论的先驱，被誉为"地学的哥白尼"而名垂千古。

> **板块构造学说**
>
> 板块构造学说是 1968 年法国地质学家勒皮雄与麦肯齐、摩根等人提出的一种新的大陆漂移学说，它是海底扩张学说的具体引申。

1.35 亿年前，大西洋已经张开

大约 1 000 万年前，大西洋扩大了许多。地球上的几大洲初步形成

太平洋

▲ 太平洋上有许多风景秀丽、迷人的小岛，斐济就是位于太平洋上的一个岛国。它气候温暖，雨量充沛，适合种植甘蔗、椰子、香蕉等经济作物。有"太平洋上的甜岛"的美称。

太平洋名字的来历有着一段古老的传说。给它起名的，是曾经率领船队为人类第一次闯开环绕地球航行道路的葡萄牙航海家费尔南多·麦哲伦。

1519年9月20日，因受政府迫害逃到西班牙的麦哲伦率领由5只船组成的西班牙船队，从圣卢卡港出发，沿非洲西海岸经过加那利群岛和佛得角群岛，利用赤道洋流和东北信风横渡大西洋。当时，人们正在争论"地圆说"。10年前，麦哲伦曾率船队绕过好望角，横渡印度洋，穿过马六甲海峡而到达菲律宾的棉兰老岛。这次，麦哲伦探索着闯出一条从相反的方向到达远东的航行。

这是一条没有人航行过的航路，困难无法形容。"维多利亚"号触礁，"圣地亚哥"号沉没。麦哲伦经历了一次又一次的考验，终于在 1520 年 10 月 21 日发现了一条看来很有希望的水道。但这里的气候十分恶劣。他们战风斗浪 28 天，经受了 510 多千米难以忍受的航程，才算闯出这条被后人命名为"麦哲伦海峡"的航道。 穿过麦哲伦海峡，眼前茫茫一片的大海烟波浩渺、风平浪静，灿烂的阳光映照着天空，绚丽多彩，一派宁静太平景象。百感交集的麦哲伦于是在海图上把眼前的这块洋面标名为"太平洋"。

说来也巧，麦哲伦在太平洋航行的 3 个月，居然一次也未遇到暴风和巨浪的袭击，一路顺风，终于在 1521 年 3 月 28 日船队驶抵菲律宾棉兰老岛，而"太平洋"的名称也为世界所公认。

太平洋在亚洲、大洋洲、南极洲和美洲之间，东西宽处约 19 000 多千米，南北最长约 16 000 多千米，面积约达 1.8 亿平方千米，占全球面积的 35%，占整个世界海洋总面积的 50%，超过了世界陆地面积的总和。它是地球上四大洋中最大、最深和岛屿、珊瑚礁最多的海洋。它的平均深度约为 4 028 米，最深度为马里亚纳海沟，深达 11 034 米，是目前已知世界海洋的最深点。

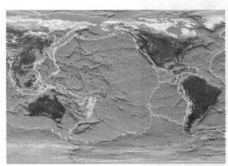

太平洋火圈（图中的红色表示火山）

除此之外，太平洋还是世界上最温暖的大洋和有"太平洋火圈"之称的大洋。它的海面平均水温达到 19℃，而全世界海洋平均温度仅为 17.5℃。它的水温比大西洋高出整整 2℃，这当然可以归结为：由于白令海峡很窄，阻碍了北冰洋寒冷的水流入，而太平洋的热带海面宽广，储存的热量大。所以，不仅它的温度高而且在这里生成的台风也多，约占世界台风总数的 70%。另外，全球约 85% 的活火山和约 80% 的地震集中在太平洋地区。太平洋东岸的美洲科迪勒拉山系和太平洋西缘的花彩状群岛是世界上火山活动最剧烈的地带，活火山多达 370 多座，地震频繁。所以它有"太平洋火圈"的称谓可是一点也不为过。

▲ 巴厘人不但爱花，而且人人酷爱舞蹈。

一 大西洋

▲ 希腊神话中的大力士
阿特拉斯

大西洋位于直布罗陀以西，原名叫"西方大洋"。它的英文（Atlantic）一词，是根据古希腊神话中的大力士阿特拉斯（Atlas）的名字来的。希腊史诗《奥德赛》中，普罗米修斯因盗取天火给人间而犯了天条，株连到他的兄弟阿特拉斯。众神之王宙斯强令阿特拉斯支撑石柱使天地分开，于是阿特拉斯在人们心目中成了顶天立地的英雄。最初希腊人以阿特拉斯命名非洲西北部的土地，后因传说阿特拉斯住在遥远的地方，人们认为一望无际的大西洋就是阿特拉斯的栖身地，因此就有了大西洋这个称谓。

大西洋位于欧洲、非洲、美洲和南极洲之间，整个轮廓略呈"S"形，年龄距今只有约一亿年。它南接南极洲；北以挪威最北端—冰岛—格陵兰岛南端—戴维斯海峡南边—拉布拉多半岛的伯韦尔港与北冰洋分界；西南以通过南美洲南端合恩角的经线同太平洋分界；东南以通过南非厄加勒斯角的经线同印度洋

▲ 位于大西洋中脊上冰岛，由于所处地理位置特殊，所以这里的火山地震频繁。下图为冰岛海克拉火山爆发时的情景。

分界。大西洋的平均深度约为 3 627 米，最大深度约为 9 219 米，大多分布在波多黎各岛北方的波多黎各海沟中。它的面积约为 9 336.3 万平方千米，是世界第二大洋，约占海洋总面积的 25.4%，是太平洋面积的一半。但是，现在它正在拼命扩张，把两岸裂开，说不定在遥远的将来，后来居上的大西洋，它的宽度会赶上或超过太平洋。

在这个美丽的大洋中还曾经一度流传着这样的传说：一

传说大西洲沿岸多山，中央则为一片开阔肥沃的大平原，环形的运河和陆地把整个岛屿划分成五个同心圆似的行政区，另一条运河则可以从中心贯穿各区，直通海洋。

个消失了的神秘文明——亚特兰蒂斯帝国。一个传说中有高度文明发展的古老大陆，被称作大西洲。到现今为止，还未有人能证实它的存在。最早的描述出现于古希腊哲学家柏拉图的文章里。据他所言，在 9 000 年前，当时亚特兰蒂斯正要与雅典展开一场大战，没想到亚特兰蒂斯却突然遭遇地震和水灾，不到一天一夜就完全沉没海底，消失得无影无踪，柏拉图认为，大西洲沉没的地点就在大西洋直布罗陀海峡附近。对于亚特兰蒂斯的所在位置现在还没有定论，科学家们主要倾向于在地中海西端，也就是在大西洋，因为大西洋底曾经发现过遗迹，而且对鳗鱼的洄游和马尾藻海的一些情况猜测出这，的确有可能是亚特兰蒂斯所在，但是还是有很多不能解释的问题。

但无论结果如何，今天大西洋的周围几乎都是世界上各大洲最为发达的国家和地区，凡是与它有关的航海业、海底采矿业、渔业、海上航运业等都非常发达。这中间尤其突出的是它的航运业，由于大西洋与北冰洋的联系，比其他大洋都方便，有多条航道相连通，并且拥有多条国际航线，便于联系欧洲、美洲、非洲的沿岸国家，所以使它的货运量居各大洋第一位，这是其他大洋所无法比及的。

飞越大西洋的人

1927 年 5 月 21 日，美国明尼苏达州的查尔斯·林白驾机飞越大西洋，成为第一个单人飞越大西洋的人；1928 年 6 月 18 日，堪萨斯州艾奇逊市的爱米莉亚·埃尔哈特女士在两位男飞行员的陪伴下驾驶"福克"号多引擎飞机，从波士顿起飞，22 小时后在威尔士南部着陆。她成为第一位成功飞渡大西洋的女性。

▲ 巴拿马运河的开通缩短了大西洋与太平洋之间的航程，使得这里的航海业更为繁忙。

印度洋

葡萄牙航海家达·伽马

中国古时叫印度洋为西洋。15 世纪初，明朝著名航海家郑和，曾率船队七下"西洋"，就是现在的印度洋。古希腊曾叫印度洋为"厄立特里亚海"，意思是"红色的海"。到了公元 1515 年，欧洲地理学家舍纳画的地图上，把这片大洋改为"东方之印度洋"。相对于大西洋来说，当时欧洲知道东方有个印度，是个非常文明和富饶的国家。15 世纪末，葡萄牙航海家达·伽马，绕过好望角，进入这个洋，并找到了印度，就正式把"通往印度的洋"称为印度洋了。

印度洋海底油气资源丰富，每年产量约为世界海洋油气总产量的 40%，波斯湾是世界海底石油最大产区。沿岸的沙特阿拉伯、科威特等国是世界著名产油国家。这里是美国、日本等发达国家的石油重要供应地。

印度洋在亚洲、非洲、大洋洲和南极洲之间，是世界第三大洋，总面积约 7 491.7 万平方千米，约为海洋总面积的 1/5。它的平均深度约为 3 897 米，最深为爪哇海沟 7 729 米。它的北部是封闭的，南段敞开。西南绕好望角，与大西洋相通，东部通过马六甲海峡和其他许多水道，可流入太平洋。西北通过红海、苏伊士运河，通往地中海。因为它的大部分地区在热带，所以往往也被称为热带的洋。

与此同时，印度洋还是地球上最年轻的大洋。早在 1.3 亿年前，北大西洋就从一个很窄的内海开裂扩大，它的东部与古地中海相通，西部与古太平洋相通，那时，南美洲与北

塞舌尔风景秀丽，全境 50% 以上地区被辟为自然保护区，享有"旅游者天堂"的美誉。

美洲还是彼此分开的。随后南方古陆开始分裂，南美洲与非洲分开，两块大陆开裂漂移形成海洋，但与北大西洋并未贯通，海水从南面进出，形成非洲与南美洲之间的一个大海盆。南方古陆的东半部也开始破碎分开，使非洲同澳大利亚、印度、南极洲分开，于是就在这两者之间出现了最原始的印度洋。

在这个美丽的大洋上，有许多明珠般璀璨的岛屿。最为著名的塞舌尔群岛由92个岛屿组成，在这里一年只有两个季节——热季和凉季，没有冬天。这里是一座庞大的天然植物园，有500多种植物，其中的80多种在世界上其他地方根本找不到。每一个小岛都有自己的特点，阿尔达布拉岛是著名的龟岛，岛上生活着数以万计的大海龟；弗雷加特岛是一个"昆虫的世界"；孔森岛是"鸟雀天堂"；伊格小岛盛产各种色彩斑斓的贝壳。塞舌尔的国宝是一种叫海椰子的奇异水果，外国游客若想带出境还需持有当地政府的许可证才可以呢。

▲ 阿尔达布拉岛是著名的"龟岛"。在岛上每走几步便可遇上一只又一只巨龟。这些海龟身长达2米，体重200多千克，有的甚至达到四五百千克，形似大象，因而有"象龟"之称。

苏伊士运河

地中海

霍尔木兹海峡

印 度 洋

除此以外，印度洋西北部的波斯湾地区还是世界石油储量最丰富的地区。在这里有著名的石油海峡——霍尔木兹海峡。它位于波斯湾口，在印度洋航线上占有重要地位，每年约有3万多艘油轮从这里通过。由于波斯湾地区出口石油总量90%从此海峡运出，因而西方国家就把波斯湾看作是他们的油库，把霍尔木兹海峡看成是油库的总阀门。

▲ 长相奇特的海椰子

北冰洋

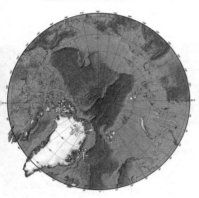

北冰洋

在好几个世纪以前，人们一直想在北极中央地区寻找出一块大陆，有人甚至把一层广阔而又平坦的冰原，错认为土地。到了 19 世纪末期，科学家们才确定了北极中央并没有陆地。也就是说，在地球的最北部，以北极为中心的周围地区，是一片辽阔的水域。这个水域，就是北冰洋。北冰洋这个名称来自希腊语，意思为正对大熊星座（即北斗七星）的海洋。1650 年，荷兰探险家 W. 巴伦支，把它划为独立大洋，叫大北洋。1845 年，在英国伦敦地理学会上，北冰洋的名字被正式命名。

位于北极圈内的北冰洋，处于地球的最北端，被欧洲大陆和北美大陆环抱着，有狭窄的白令海峡与太平洋相通。它

▲ 北冰洋地区，除巴伦支海地区受北角暖流影响常年不封冻。其他地区常年遍布冰川和冰盖。

是世界上最小、最浅的大洋，面积约为 1 479 万平方千米，不到太平洋的 1/10，仅占世界大洋面积的 3.6%；体积约 1 698 万立方千米，仅占世界大洋体积的 1.2%；平均深度约 1 300 米，仅为世界大洋平均深度的 1/3，最大深度也只有 5 449 米。因此，北冰洋又被称为北极海。

在寒冷的冰雪世界里，北冰洋的平均水温只有 −1.7℃。

洋面上有常年不化的冰层，厚度在 2 ~ 4 米，北极点附近冰层可厚达 30 米。越是中央地区，冰层越是厚实坚固，汽车可以在上面行驶，甚至连飞机也可以在上面降落。冬季的时候有 80%的洋面被冰封住，就是在夏季，也有一多半的洋面被冰霸占。现在，你该知道那是一个多么寒冷的海洋了吧！

这一切造就了北冰洋成为四大洋中温度最低的寒带洋，终年积雪，千里冰封，覆盖于洋面的坚实冰层足有3 ~ 4 米厚……就成了这里常见的景象。每当这里的海水向南流进大西洋时，随时随处可见一簇簇巨大的冰山随波漂浮，逐流而去，就像是一些可怕的庞然怪物，给人类的航运事业带来了一定的威胁。

▲ 北冰洋地区美丽的极光现象

寒冷造就北冰洋成为世界上条件最恶劣的地区之一，由于位于地球的最北部，每年都会有独特的极昼与极夜现象出现。这里第一大奇观就是一年中几乎一半的时间，连续暗无天日，恰如漫漫长夜难见阳光；而另一半日子，则多为阳光普照，只有白昼而无黑夜。第二大奇观是五颜六色的极光像突然升起的节日烟火，一下照亮半边天；它时而如舞在半空的彩条，时而像挂在天际的花幕，时而如探照灯一样直射苍穹，这也是在别处任何地方都欣赏不到的奇异美景。

然而就是在这样恶劣情况下，还生活着人类——爱斯基摩人又叫因纽特人，他们世世代代生活和居住在这里，至少有 4 000 多年的历史。在过去的漫长岁月中，他们过着一种没有文字、没有货币，却是自由自在、自给自足的生活。随着时代的推移，因纽特人已经开始接受现代文明，生活发生了巨大的变化。

爱斯基摩人的生活

爱斯基摩人是北极地区的土著民族，善于用冰雪造屋，一般养狗，用以拉雪橇。主要从事陆地或海上狩猎，辅以捕鱼和驯鹿。以猎物为主要生活来源：以肉为食，毛皮做衣物，油脂用于照明和烹饪，骨牙做工具和武器。男子狩猎和建屋，妇女制皮和缝纫。他们可以称之为北极的主人。

地中海

地中海

最早犹太人和古希腊人简称地中海为"海"或"大海"。因为古代人们仅知此海位于三大洲之间，故称之为"地中海"。英、法、西、葡、意等语拼写来自拉丁 Mare-Mediterraneum，其中"medi"意为"在……之间"，"terra"意为"陆地"，全名意为"陆地中间之海"。该名称始见于公元 3 世纪的古籍。到了公元 7 世纪的时候，西班牙作家伊西尔首次将地中海作为地理名称。

地中海是指介于亚、非、欧三洲之间的广阔水域，这是世界上最大的陆间海。地中海同时也是世界上最古老的海，历史比大西洋还要古老。另外，由于它处在欧亚大陆和非洲大陆的交界处，因此是世界强地震带之一。在地中海地区还有许多著名的火山，比如维苏威火山、埃特纳火山等。

▲ 维苏威火山是欧洲大陆唯一的活火山，它在公元前 79 年的一次喷发中，将当时的罗马古城赫库兰尼姆和庞培两镇毁灭。直到 1713 年，人们才将被火山灰深埋的两座城市发掘出来。下图为维苏威火山下的庞培城遗址。

由于地中海特殊的地理构造，因此也造成了它与众不同的气候特点。在那里，夏季干热少雨，冬季温暖湿润。这种气候使得周围河流冬季涨满雨水，夏季干旱枯竭。世界上这种气候类型的地方很少，据统计，总共占不到 2%。由于这里气候特殊，德国气象学家柯本在划分全球气候时，把它专门作为一类，叫地中海气候。

因为这个气候特别适合橄榄树的生长，因此地中海地区盛产油橄榄。而且这里还是欧洲主要的亚热带水果产区，盛产柑橘、无花果和葡萄等。

除了它特殊的气候特征以外，地中海作为陆间海交通要道的作用也格外突出。由于地中海比较平静，加之沿岸海岸线曲折、岛

▲ 风光旖旎的地中海沿岸

屿众多，拥有许多天然良港，所以不可避免地成为沟通三个大陆的交通要道。这样的条件，使地中海从古代开始海上贸易就很繁盛，成为了古代埃及文明、古希腊文明、罗马帝国等的摇篮，直到如今它仍然是世界海上交通的重要地点之一。腓尼基人、克里特人、希腊人，以及后来的葡萄牙人和西班牙人都是航海业发达的民族。著名的航海家如哥伦布、达·伽马、麦哲伦等，都出自地中海沿岸的国家。

然而如此重要的地中海竟然曾经出现过干涸的危机，事实上，地中海在历史上的确曾经干涸过。近年来，科学家们发现了在地中海海底不同地点和不同深度上的沉积层中存在着石膏、岩盐和其他矿物的蒸发岩，经测定，其年龄距今500万～700万年。由此可以推断，在距今约700万年期间，地中海的古地理环境确曾是一片干涸荒芜的沙漠。从考证出来的蒸发岩上又覆盖着一层海底沉积物和深海软泥来看，说明地中海干涸之后，再度被海水淹没。而据现在的资料统计，地中海地区年蒸发量超过了年降水量与江河径流量之和，所以有人推断：如果没有大西洋海水流入地中海，也许不用1000年的时间，地中海就会完全干涸，重新变成干透了的特大深坑。

地中海最美的港湾

摩纳哥公国位于地中海边峭壁上，面积仅有1.95平方千米，在世界上最小国家中名列第二。这里不仅有阳光，沙滩，海水，还有转盘，牌桌，啤酒，香槟……在摩纳哥，知名度最高当数豪华的蒙特卡罗赌场。每年5月份的F1一级方程式赛车活动，总会吸引数万人潮涌进摩纳哥，观赏这个充满刺激的赛车盛事。因此，它被称为地中海最美的港湾。

一 爱琴海

▲ 1900年英国考古学者伊文斯在克里特岛发掘出弥诺索斯王宫，从而证实弥诺斯文明确实存在。这座昔日宏伟的"王宫"占地约22 000平方米，规模不小于今天英国的白金汉宫。上图为弥诺斯王宫遗址。

爱琴海，光是这浪漫至极的名字就能让人生出无限遐想。船下的海水泛着青蓝色的光芒，幽幽的，深邃得仿佛能容纳几千年的历史；船头激起白色的浪花，与上下飞舞的海鸥相映成趣；天空蓝得像大海一样，白云就像浮在天上的小岛，真不知希腊的神是依照天空制造了大海，还是依照大海制造了天空？

关于爱琴海的名字还源于一个古老的希腊神话传说。在远古的时代，有位国王叫弥诺斯，他统治着爱琴海的一个岛屿克里特岛。弥诺斯的儿子在雅典的阿提刻被人谋杀了，为了替儿子复仇，弥诺斯向雅典的人民挑战。后来，雅典人向弥诺斯王求和，弥诺斯要求他们每隔9年送7对童男童女到克里特岛。

弥诺斯在克里特岛建造一座曲折纵横的迷宫，无论谁进去都别想出来。在迷宫的纵深处，弥诺斯养了一只人身牛头的野兽米诺牛，雅典每次送来的7对童男童女都是供奉给米诺牛吃的。这一年，又是供奉童男童女的年头了，有童男童女的家长们都惶恐不安。雅典的国王爱琴的儿子忒修斯看到人们遭受这样的不幸而深感不安，他决心和童男童女们一起出发，并发誓要杀死米诺牛。

忒修斯和父亲约定，如果杀死米诺牛，他在返航时就把船上的黑帆变成白帆。 忒修

斯领着童男童女在克里特上岸了,他的英俊潇洒引起了一位美丽聪明的公主的注意。公主向忒修斯表示了自己的爱慕之情,并偷偷和他相会。当她知道忒修斯的使命后,她送给他一把魔剑和一个线球,以免忒修斯受到米诺牛的伤害。

聪明而勇敢的忒修斯一进入迷宫,就将线球的一端拴在迷宫的入口处,然后放开线团,沿着曲折复杂的通道,向迷宫深处走去。最后,他终于找到了怪物米诺牛,并用剑把它杀死了,然后,他带着童男童女踏上了回家的路程。快到家的时候,忒修斯和他的伙伴兴奋异常,又唱又跳,但他忘了和父亲的约定,没有把黑帆改成白帆。翘首等待儿子归来的爱琴国王在海边等待儿子的归来,当他看到归来的船挂的仍是黑帆时,以为儿子已被米诺牛吃了,他悲痛欲绝,跳海自杀了。为了纪念爱琴国王,他跳入的那片海,从此就叫爱琴海。

> 爱琴海的岛屿大部分属于西岸的希腊,小部分属于东岸的土耳其。海中最大的一个岛名叫克里特岛。克里特岛面积 8 000 多平方千米,东西狭长,是爱琴海南部的屏障。

▲ 弥诺斯王宫结构复杂,千门百室,由于廊道迂回曲折,有"迷宫"之称,宫室内的人物鸟兽壁画,刻画生动,色彩艳丽明快,美奂绝伦。

实际上,爱琴海是地中海的一部分。它位于希腊半岛和小亚细亚半岛之间,南北长 610 千米,东西宽 300 千米,面积约 21.4 万平方千米,比波斯湾还要小些。爱琴海的海岸线非常曲折,港湾众多,岛屿星罗棋布。相邻岛屿之间的距离很短,站在一个岛上,可以把对面的海岛看得清清楚楚。它所拥有的岛屿数量之多,全世界没有哪个海能比得上的,所以爱琴海又有"多岛海"之称。

如今,爱琴海已经成为世界各国人们向往的度假胜地,它仍以无穷的魅力感染着每一位来到这里的游客。

▲ 利用智慧和勇气,忒修斯杀死了米诺牛。

红海

在非洲北部与阿拉伯半岛之间，有一片颜色鲜红的海，这就是红海。关于红海名称的来源，直到今天仍然有许多种解释。

有的认为是远古时代，受交通工具和技术条件的制约，驾船在近岸航行的人们发现红海两岸红黄色岩壁将太阳光反射到海上，使海上也红光闪烁，红海因此而得名。有的认为是红海里有许多色泽鲜艳的贝壳使水色深红；也有的认为红海近岸的浅海地带有大量黄中带红的珊瑚沙，使得海水变红；还有人认为红海内红藻会发生季节性的大量繁殖，使整个海水变成红褐色，有时连天空、海岸，都映得红艳艳的，因而得名红海。其实今天红海的名字是从古希腊名演化而来的，它的意译即"红色的海洋"。

▶ 红海的海滩日光充足，人们可以躺在棕榈树阴下恣意的晒日光浴，享受大自然精美的馈赠。

实际上，在通常情况下，红海海水都是蓝绿色的。它是世界上水温和含盐量最高的海域之一。在地理位置上，红海是印度洋的边缘海。北段通过苏伊士运河与地中海相通，南端有曼德海峡与亚丁湾相通。它就像一条张着大口的鳄鱼，从西北向东南，斜卧在那里。红海长约 2 000 多千米，最大宽度 306 千米，面积约 45 万平方千米，平均深度约 558 米，最大深度 2 514 米。由于特殊的地理构造使得红海处于热带沙漠气候区，所以降水少得可怜，但那里的蒸发量却远远大于降水量。加上红海周围无河流汇入，使红海水量入不敷

▲ 红叶藻

出，必须由印度洋的水流来补充。从印度洋进入亚丁湾的水，浩浩荡荡北上，进入干渴的红海，补充它的水源不足。因此，亚丁湾就成了调节红海水位的"大水库"。与此同时，红海的高温、高盐水也不断经过曼德海峡的底层，流向亚丁湾，从而成为印度洋高温高盐水的重要源头。

到目前为止，红海可以说是一个年轻的海。大约在2 000万年前，阿拉伯半岛与非洲分开，那个时候诞生了红海。现在还可以看出，两岸的形状很相似，这是大陆被撕开留下的痕迹。非洲板块与阿拉伯板块间的裂谷，沿红海底中间通过。在300万～400万年来，两个板块仍在继续分裂，两岸平均每年以2.2厘米的速度向外扩张。红海在不断加宽，将来可能成为新的大洋。在这个方面，红海边缘的阿法尔三角地区的两侧海岸线，在几何形态上嵌合部分发生中断，就很能说明问题。大约在2 500万年前，今天的也门恰好嵌合在劳比亚和索马里之间，经过中心扩张分离，形成了现今的达纳基勒地垒两侧的地壳碎块，成为阿法尔三角地区。

1947年，瑞典的"信天翁"号调查船，曾经来过红海考察，发现了海底裂谷处的几个热源。后来，美国的"阿特兰蒂斯"2号和英国"发现者"号，也相继到这里调查，证实了这些热源的存在，并测得了这里的水温高达56℃，盐度高达74～310。而在正常情况下，热带海面的水温，一般最高只有30℃，至于深层水一般只有4℃。海水的盐度，一般在35左右。红海底裂谷处，水温高出十几倍，盐度高出2～9倍，实在令人吃惊。

▼ 红海西岸是壮观的沙漠丘陵和华美的山川溪谷。骆驼是生活在这里的阿拉伯人的主要家畜。

加勒比海

▲ 1920年，巴拿马运河开通后，沟通了大西洋和太平洋，促进了加勒比海地区及沿岸30多个国家的经济发展。

加勒比海清澈湛蓝的海水，就像高出地面的海洋，构成了一个充满冒险和神秘色彩的乐园。这里有喜欢惹事而又迷人的船长杰克，历经风浪的"黑珍珠"号船……伴随着好莱坞大片《加勒比海盗》的热映，加勒比海这个神秘的海域走进我们的视线。

在北大西洋，有一个以印第安人部族命名的大海，它的名字叫"加勒比海"，意思是"勇敢者"或是"堂堂正正的人"。加勒比海是大西洋西部的一个边缘海，西部和南部与中美洲及南美洲相邻，北面和东面以大、小安的列斯群岛为界。加勒比海东西长约2 735千米，南北宽在805～1 287千米之间，总面积约为275.4万平方千米，容积约为686万立方千米，平均水深约为2 491米。现在所知的最深点是古巴和牙买加之间的开曼海沟，深达7 680米，它同时也是世界上深度最大的陆间海。

中、南美洲的锯齿形弯曲岸线，把加勒比海区分成几个主要水域：危地马拉和洪都拉斯沿岸外方的洪都拉斯湾；巴拿马近岸的莫斯基托湾；巴拿马科隆附近的巴拿马运河；巴拿马和哥伦比亚边境的达连湾；委内瑞拉北部马拉开波湖口外的委内瑞拉湾；以及委内瑞拉和特立尼达岛之间的帕里亚湾。中美的多数河流都流入加勒比海，但南美的大部分河流都汇合于奥里诺科河，并于西班牙港的正南流入大西洋。加勒比海的主要进出口是尤卡坦与古巴之间的尤卡坦海峡、古巴与伊斯帕尼奥拉之间的向风海峡、伊斯帕尼奥拉与波多黎之间的莫纳海峡、维尔京群岛与马丁海峡之间的阿内加达海峡以及多米尼加岛以北的多米尼加海峡。各个海峡的水深都在 1 000 米以上。

同时，加勒比海也是沿岸国最多的大海。在全世界 50 多个海中，沿岸国达两位数的只有地中海和加勒比海两个。地中海有 17 个沿岸国，而加勒比海却有 20 个，包括中美洲的危地马拉、洪都拉斯、尼加拉瓜、哥斯达黎加、巴拿马，南美有哥伦比亚和委内瑞拉，在安的列斯群岛的古巴、海地、多米尼加共和国以及小安的列斯群岛上的安提瓜和巴布达、多米尼加联邦、特立尼达和多巴哥等。

加勒比海大部分位于热带地区，是世界上最大的珊瑚礁集中地之一。西印度群岛是世界上第二大群岛，岛屿数量仅次于亚洲的马来群岛。其中古巴岛是最大的岛屿，其他还有海地岛、波多黎各岛等大陆岛。其他多数属于珊瑚岛，风景秀丽，充满热带风情。

▲ 16 世纪，加勒比海成为海盗的"天堂"，过往的商船经过这里都会心惊胆颤。

这些特殊的地理位置使加勒比海在 16 世纪的时候，成为海盗的"天堂"，许多海盗甚至得到他们本国国王的授权在海上公然抢劫。同时，加勒比海上的众多小岛为他们提供了良好的躲藏地，而西班牙运送珠宝的舰队则成为他们的主要攻击对象。

▲ 故事中，我们所熟悉的海盗形象：独眼、瘸腿或者胳膊上安铁钩、嘴里叼着烟斗。

一 黑海

▼ 黑海

黑海

"**黑**海"这个名字，源自古希腊的航海家，他们认为黑海海水的颜色比地中海的海水深黑而得名。它原是古地中海的一个残留的，很大、孤立的海盆，由于与外界隔绝的下层海水缺氧，加上细菌的作用使沉积海底的大量有机物腐化分解，久而久之，把海底淤泥也染成了黑色。

黑海是欧洲东南部和亚洲之间的内陆海，通过西南面的博斯普鲁斯海峡、马尔马拉海、达达尼尔海峡、爱琴海与地中海沟通。黑海东岸的国家是俄罗斯和格鲁吉亚，北岸是乌克兰，南岸是土耳其，西岸属于保加利亚和罗马尼亚。克里米亚半岛从北端伸入黑海，黑海东端的克赤海峡把黑海和亚速海分隔开来。黑海面积约 420 300 平方千米，东西长 1 180 千米，从克里米亚半岛南缘到黑海南海岸，最近处 263 千米。东岸和南岸是高加索山脉和黑海山脉，西岸在博斯普鲁斯海峡附近山势稍稍平坦，西南隅是伊斯特兰贾山，往北是多瑙河三角洲，西北和北边海岸地势低洼，仅南部克里米亚山脉在沿岸形成陡崖峭壁。沿岸大陆架面积只占整个水域面积的 1/4，经大陆坡到达海底盆地，面积占整个水域面积的 1/4。海盆底部平坦，逐渐向中心加深，最深处超过 2 200 米。

同时，黑海还是一个很大的缺乏氧的海洋系统。黑海本身很深，从河流和地中海流入的水含盐度比较小，因此比较轻，它们浮在含盐度高的海水上。这样深水和浅水之间得不到交流，两层水的交界处位于 100 ~ 150 米深处之间。两层水之间彻底交流一次需要上千年之久。在这个严重缺氧的环境中只有厌氧微生物可以生存，它们的新陈代谢释放有毒的硫化氢（H_2S）和二氧化碳。而硫化氢对鱼类有毒害，因而黑海除边缘浅海区和海水上层有一些海生动植物外，深海区和海底几乎是一个死寂的世界。同时硫化氢呈黑色，致使深层海水呈现黑色，其他生物实际上只能生存在 200 米深度以上的水里。

由于黑海是连接东欧内陆和中亚高加索地区出地中海的主要海路，故其在航运、贸易和战略上的地位非常重要。黑海航道是古代丝绸之路由中亚往罗马的北线必经之路。尤其是对自 17 世纪开始崛起的沙俄皇朝，黑海和波罗的海均是影响该国对欧洲联系的命脉。近代史中亦有因为抢夺黑海的控制权而引发的战争和军事行动。如著名的克里米亚战争（1853 ~ 1856 年）等。此外，在黑海沿岸还有许多著名的疗养地和旅游区。

▲ 在黑海上缘顽强生存下来的生命

黑海舰队

黑海舰队由沙皇俄国于 1753 年创建，在 200 多年的历史中先后参加过克里米亚战争和第一次世界大战。在卫国战争期间，参加了塞瓦斯托波尔、敖德萨保卫战，逐渐发展成为前苏联四大舰队之一。黑海舰队是前苏联海军中唯一不怕冰冻围困的全天候舰队，主要基地和舰队司令部设在克里米亚半岛的塞瓦斯托波尔。

◀ 风光秀丽的索契位于高加索山脉西麓的黑海之滨，是俄罗斯著名的疗养地。

一 白令海

俄罗斯　阿拉斯加
阿纳德尔湾
圣劳伦斯岛
努尼瓦克岛
白　令　海
普里比洛夫群岛
阿留申岛弧

白令海位于太平洋的最北方，在阿拉斯加、西伯利亚和阿留申群岛的环抱之中。它是一个扇形海域，是亚洲和美洲相隔的地方，也是美俄两国交界的地方。这片扇形海域是以丹麦航海家维图斯·白令的名字命名的。

1725~1743年，在俄国彼得大帝的授命下，白令曾两次来到这个海区，探测亚洲和美洲是否相连。白令第二次出航时，曾在阿拉斯加南部登陆。但返航时，其所乘船"圣彼得号"不幸触礁沉没，白令和30名船员遇难身亡。为了纪念这位航海者，便将这片海域命名为"白令海"。

白令海总面积约为230.4万平方千米，平均水深约为1 598米，最大水深约为4 420米。它的海底可分为两个区域。东北半部完全为陆架，是世界上最大的陆架之一。离岸最远可伸到643千米。经白令海峡伸向楚科奇海的地区，陆架浅于200米，使流入北极海盆的海水仅限于表层水。第二个区域为西南半部，由深水海盆组成，最大深度为4 420米。海盆的海底非常平坦，水深介于3 800～3 900米之间，且被两支海脊分隔开。奥利伍托斯基海脊，起自北部，贯穿着整个海盆；另一支为独特的拉特岛海脊，起自阿留申岛弧，按逆时针方向盘绕着海盆。这两支海脊把深水区域分隔成东、西两个海盆。在这深海盆内，还有沉淀得很快的沉积海盆；该海盆在玄武基岩上已覆盖着2 000～4 000米深的沉积物。

白令陆架还从平坦的海底抬升起几个岛屿，这其中有著名的圣劳伦斯岛、努尼瓦克岛和普里比洛夫群岛。陆架的边缘以 4°～5°坡度陡峭地下倾。在阿留申岛链的东南角，陆架深深地被白令峡谷所割裂，该峡谷长度超过 161 千米，宽度在 32 千米以上，深深地切入，并有 50 多条支谷。这可能是世界上最大的海底峡谷了。在峡谷的两侧，到处都有 1 829 米高的谷壁，矗立于平缓倾斜的海底之上。白令陆架的沉积物是由砂和淤积于坡麓的砾石组成。反之，在深海盆却覆盖着硅藻软泥。

除此以外，白令海的海洋生物非常丰富，浮游生物有两个最旺盛的季节，一个在春季，另一个在秋季。它们主要以硅藻为主，为食物链提供了基本保证，使白令海成为很有价值的渔场的主要是巨蟹、虾和 315 种鱼类，尤其是其中的 25 种鱼类，更有经济价值。譬如：虎鲸、白鲸、喙鲸、黑板须鲸、长须鲸、露脊鲸、巨臂鲸和抹香鲸等鲸类都很丰富。普里比洛夫群岛和科曼多尔群岛是海豹的繁殖场，海獭、海狮和海象也众多。

白令海的海流是受风的作用而引起的。流入该海的有从阿留申岛链流入的太平洋水，潮流和从江河流入的淡水。深海盆的海流模式主要为气旋式环流。一部分向北经白令海峡流出，另一部分返回流入太平洋。陆架上的海流，除了阿拉斯加近岸外，基本上都受潮汐的作用。许多江河流入的淡水，都向北经白令海峡流入楚科奇海。

▼ 白令海中的灰鲸

海底地貌

海底地貌立体图

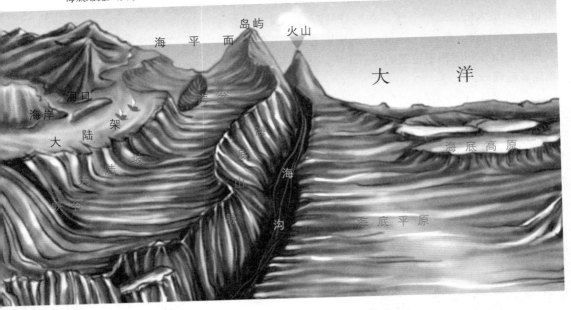

海平面　岛屿　火山
大　洋
河口
海岸
大陆架
海盆
大陆坡
海底高原
海底山脉
海沟
海峡谷
海底平原

▲ 中太平洋海盆

▲ 北冰洋中的海盆

如同陆地上一样，海底有高耸的海山，起伏的海丘，绵延的海岭，深邃的海沟，也有坦荡的深海平原。纵贯大洋中部的大洋中脊，绵延8万千米，宽数百至数千千米，总面积堪与全球陆地相比。而整个海底世界也并不像人们所想象的或是像表面看起来那样平缓和宁静，相反却是地球上最活跃最动荡不安的地带。地震、火山活动频繁，只不过一切都掩盖在海水之下进行而已。

虽然世界各大洋的洋底形态复杂多样、各不相同，但基本上都是由大陆架，大陆坡，海沟，海盆，洋中脊（海底山脉）几个部分组成。现在根据大量的深海测量资料，人们已清楚知道，海底的基本轮廓是这样的：沿岸陆地，从海岸向外延伸，是坡度不大、比较平坦的海底，这个地带称"大陆架"；再向外是相当陡峭的斜坡，急剧向下直到3 000米深，这个斜坡叫"大陆坡"；从大陆坡往下便是广阔的大洋底部了。整个海洋面积中，大陆架和大陆坡占20%左右，大洋底占80%左右。也可以简单地说，世界大洋的海底像个大水盆，边缘是浅水的大陆架，中间是深海盆地，其深度在 2 500 ～ 6 000 米之间。

在整个海底世界，宏伟的海底山脉，广漠的海底平原，深邃的海沟，上面均盖着厚度不一、火红或黑的沉积物，把大洋装点得气势磅礴、雄伟壮丽。

那么我们不禁要问：海底是怎样诞生的呢？

有人认为整个地壳大致可分为六大板块，其中又分为大洋板块和大陆板块。大洋板块在地幔上浮动着，高温的地幔物质在洋中脊地区上升，使本已很薄的地壳发生皱裂，于是喷出熔岩，熔岩冷却之后，就形成了新的地壳，于是海底便诞生了。

后来，人们又通过地震波及重力测量，了解到海底地壳的结构与陆地地壳有所不同。原来，海洋地壳主要是玄武岩层，厚约 5 000 米，而大陆地壳主要是花岗岩层，平均厚度 33 千米。重要的是，大洋底始终都在更新和不断成长，每年扩张新生的洋底大约有 6 厘米。像这样下去，每经过两三亿年，大洋底就将更新一次。

地球的结构

地球的平均赤道半径为 6 378.14 千米，比极地半径长 21 千米。地球的内部结构可以分为三层：地壳、地幔和地核。地核厚度约为 3 470 千米，由液体核、过渡层和固体核组成；地幔厚度约为 2 900 千米，由软流层、过渡层和中间层组成；地壳厚度为 0.75 千米。

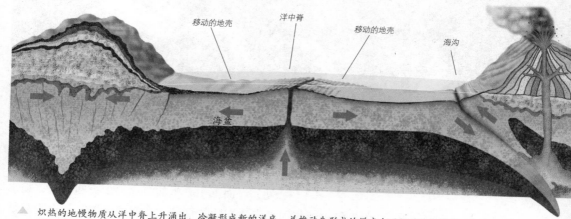

移动的地壳　　洋中脊　　移动的地壳　　海沟

海盆

▲ 炽热的地幔物质从洋中脊上升涌出，冷凝形成新的洋底，并推动先形成的洋底向两侧对称地扩张；当洋底扩展移至大陆边缘的海沟处时，向下俯冲潜没在大陆地壳之下，重新返回到地幔中，旧的洋底灭亡。

前面我们已经讲过，在深海中也有如同陆地平原一样的地貌，这就是深海平原。深海平原一般位于水深 3 000 ～ 6 000 米的海底。它的面积较大，一般可以延伸几千平方千米。深海平原坡度小于 1/1000，其平坦程度超过大陆平原。

有了平原，当然也会有高山。海底火山的分布相当广泛，大洋底散布的许多圆锥山都是它们的杰作。

海底火山与平顶山

▲ 怀特岛是一座火山岛。它位于新西兰北岛东海岸的普伦蒂湾。新西兰海岸线附近有许多类似的火山岛。

1963 年 11 月 15 日，在北大西洋冰岛以南 32 千米处，海面下 130 米的海底火山突然爆发，喷出的火山灰和水汽柱高达数百米，在喷发高潮时，火山灰烟尘被冲到几千米的高空。

经过一天一夜，到 11 月 16 日，人们突然发现从海里长出一个小岛。人们目测了小岛的大小，高约 40 米，长约 550 米。海面的波浪不能容忍新出现的小岛，拍打冲走了许多堆积在小岛附近的火山灰和多孔的泡沫石，人们担心年轻的小岛会被海浪吞掉。但火山在不停地喷发，熔岩如注般地涌出，小岛不但没有消失，反而在不断地扩大长高，经过 1 年的时间，到 1964 年 11 月底，新生的火山岛已经长到海拔 170 米高，1 700 米长了，这就是苏尔特塞岛。经过海浪和大自然的洗礼，小岛经受了严峻的考验，巍然屹立于万顷波涛的洋面上，而且岛上居然长出了一些小树和青草。

这些奇怪的现象就发生在广袤的海底。如同我们前面提过，在深海中有深海平原，当然也会有高山。而这些就是——海底火山。海底火山的分布相当广泛，大洋底散布的许多圆锥山都是它们的杰作，火山喷发后留下的山体都是圆锥形状。

据统计，全世界共有海底火山约 2 万多座，太平洋就拥有一半以上。这些火山中有的已经衰老死亡，有的正处在年轻活跃时期，有的则在休眠，不定什么时候苏醒又"东山再起"。现有的活火山，除少量零散在大洋盆外，绝大部分在岛弧、中央海岭的断裂带上，呈带状分布，统称海底火山带。太平洋周围的地震火山，释放的能量约占全球的 80%。海底火山，死的也好，活的也好，统称为海山。海山的个头有大有小，一两千米高的小海山最多，超过 5 千米高的海山就少得多了，露出海面的海山（海岛）更是屈指可数了。美国的夏威夷岛就是海底火山的功劳。它拥有面积 1 万多平方千米，上有居民 10 万余众，气候湿润，森林茂密，土地肥沃，盛产甘蔗与咖啡，山青水秀，有良港与机场，是旅游的胜地。夏威夷岛上至今还留有 5 个盾状火山，其中冒纳罗亚火山海拔 4 170 米，它的大喷火口直径达 5 000 米，常有红色熔岩流出。1950年曾经大规模地喷发过，是世界上著名的活火山。

海山有圆顶，也有平顶。平顶山的山头好像是被什么力量削去的。其实它是海浪拼命拍打冲刷，经历年深日久而形成的。比如，在第二次世界大战期间，美国科学家普林顿大学教授 H．H．赫斯就首次在太平洋海底发现了海底平顶山。

海底平顶山

　　海底平顶山又称盖约特，是一种特殊类型的海底火山，其平顶是被波浪削平的，后来又下沉被海水覆盖。海底平顶山有高有矮，大都在 200 米以下，有的甚至在 2 000 米水深。

▲　海底火山爆发时，景致十分壮观，从深不可测的海洋底部涌出炽热的浪涛，使洋面都沸腾起来了。

大陆架

生活中，我们平时所看到的海岸线并不是大陆与海洋的分界线，实际上，在海面以下，大陆仍以极为缓和的坡度延伸至大约 200 米深的海底，这一部分就是大陆架。它曾经是陆地的一部分，只是由于海平面的升降变化，使得陆地边缘的这一部分，在一个时期里沉溺在海面以下，成为浅海的环境。

大陆架浅海靠近人类的住地，与人类关系最为密切，大量的渔业资源都来自陆架浅海。人类自古以来在这里捕鱼、捉蟹、赶海，享"鱼盐之利，舟楫之便"。随着生产的发展，人们又在这里开辟浴场、开采石油，利用这里的阳光、沙滩和新鲜空气，开辟旅游度假区。可以这样说，大陆架像是被

海底的沉积物一般可达 300 米左右，在大西洋盆地，那里的沉积物厚度达 3 600 多米，这些沉积物并不是没用的"垃圾"，它们为我们提供了丰富的能源——石油。

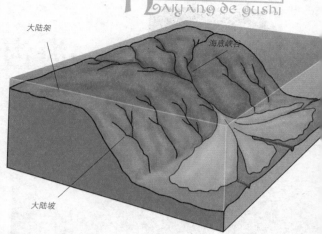

海水淹没的滨海平原，是海洋生物的乐园，我们可以发现许许多多的海洋动植物在此处安居乐业，繁衍生息，就像是另外一个生生不息的人类世界。

说起大陆架，我们就不得不提及大陆坡上的沉积物。

大陆坡上的沉积物，主要是来自陆地河流的淤泥、火山灰、冰川携带的石块，还有亿万年来海洋生物残体的软泥。概括地说，整个大陆坡的面积，约有 25% 覆盖着沙子，10% 是裸露的岩石，其余 65% 盖着一种青灰色的有机质软泥。这种软泥常常因受到氧化作用而成栗色，它的堆积速度要比大陆架缓慢得多。在火山活动地带，软泥中夹杂有火山灰，高纬度地区混有大陆水流带来的石块、粗沙等。在热带河口附近，还有一种热带红色风化土构成的红色软泥。

▲ 大陆架一般蕴藏着丰富的石油资源，许多国家都在大陆架上开采石油。

而大陆坡上最特殊的地形就是深邃的大峡谷，称为海底峡谷。它一般是直线形的，谷底坡度比山地河流的谷底坡度要大得多，峡谷两壁是阶梯状的陡壁，横断面呈 "V" 形。海底峡谷规模的宏大往往超过陆地上河流的大峡谷。现已发现几百条海底峡谷，分布在全球各处的大陆坡上。

虽然世界大陆架总面积约为 2 700 多万平方千米，平均宽度约为 75 千米，约占海洋总面积的 8%，但鱼的捕获量却为海洋渔业总产量的 90% 以上。因为大陆架区域水质肥沃，海水中含有大量的营养盐，加上大陆江河不断地带来溶解进丰富有机物和无机物的淡水，在风浪、潮流的作用下，上、下层海水的混合加快，所以，大陆架得以成为良好的渔场。

大陆架浅海的海底地形起伏一般不大，上面盖着一层厚度不等的泥沙碎石，它们主要是河流从陆地上搬运来的。但是，有的地方，如南北美洲太平洋沿岸，地中海沿岸，山脉紧靠海边，海底地形就比较崎岖陡峭；有的地方，如我国黄海沿岸，大河下游的河口海湾一带，陆地上地势平坦，海底也是起伏不大的宽广的大陆架。

▲ 大陆架有丰富的鱼类资源

海沟和岛弧

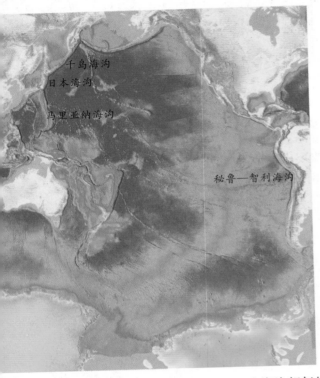

太平洋的海沟特别多，从东面、北面和西面围绕着太平洋的边缘，形成了一个马蹄铁的形状。

陆地上有许多巨大、深邃奇伟的峡谷，但与浩森大洋深处的海沟相比，它们就自愧不如了。

海沟也叫海渊，是位于海洋中的两壁较陡、狭长的、水深大于 6 000 米的沟槽，而且多半与岛弧伴生。它的宽度在 40 ~ 120 千米之间，全球最宽的海沟是太平洋西北部的千岛海沟，其平均宽度约 120 千米，最宽处大大超过这个数，距离相当于北京至天津那么远，听起来也够宽了，但在大洋底的构造里，算是最窄的地形了。

与此同时，海沟不仅是海洋中最深的地方，也是海底最古老的地方。然而它不在海洋的中心，却偏偏安家于大洋的边缘。今天，我们已知的各大洋所拥有的 35 条海沟，其中有 28 条分布在环太平洋带。

和海沟相似的叫做海槽。它比海沟的规模小，深度在 6 000 米以内，相对宽浅、两侧坡度较平缓的长条形洼地称海槽。它主要分布在边缘海中。

海沟的孪生"兄弟"叫做岛弧。前面已经提过，海沟和岛弧多是相伴而生。岛弧就是海洋中许多呈弧形分布的岛屿，它分为内岛弧和外岛弧。内岛弧靠陆一侧，是大洋板块与大陆板块接触带，火山和地震集中于此，如西太平洋岛弧。据统计，全世界有活火山 500 余座，一半以上集中在该岛弧带；全球地震能量的 95% 也在此释放。频繁的火山活动引起的岩浆喷发，使岛弧带成为世界上矿产最丰富的地区。外岛弧，近大洋一侧，无火山地震带。它们大多分布于活动的海洋板块边缘，由于处在海洋板块与大陆板块的交界处，受地球板块相互挤压的作用，所以在这些地方地震、火

图中标注：
千岛海沟
日本海沟
马里亚纳海沟
秘鲁—智利海沟

山活动频繁发生。

那么，为什么有海沟出现的地方也会有岛弧伴其左右呢？

科学家们经过大量的研究认为，岛弧和海沟的平行并存，是大洋板块和大陆板块相互碰撞时，大洋板块倾没于大陆板块之下的结果。如太平洋板块，厚度小而密度大，所处的位置又相对较低，在海底扩张的作用下，与东亚大陆板块相碰撞时，太平洋板块便俯冲入东亚大陆板块之下，从而使大洋一侧出现深度巨大的海沟；同时，大陆地壳的继续运动使它前缘的表层沉积物质相互叠合到一起，形成了岛弧。由于这两种地壳的相对运动速度较大，所以碰撞后形成的海沟深度就大，而岛弧上峰岭的高度也大。因此，可以说岛弧和海沟是在同一种板块运动中形成的，它们有着共同的成因。

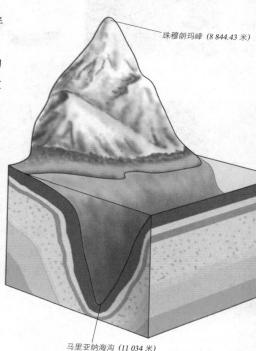

珠穆朗玛峰 (8 844.43 米)

马里亚纳海沟 (11 034 米)

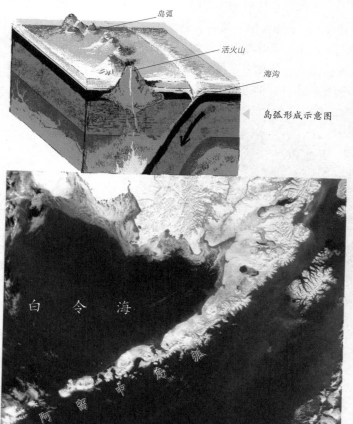

岛弧

活火山

海沟

岛弧形成示意图

阿留申岛弧是地震频繁的地区之一，令人感兴趣的是：阿留申岛弧向南弯曲，这种形状似乎显示是由一种自北向南的力推动形成的，如史前冰川的推动等；另外，阿留申岛弧南侧的深海沟表明，太平洋的海底扩张对其的作用是向北推进的，但从太平洋洋脊位置来看，太平洋洋脊伸入到北美大陆，南北向偏东分布，其扩张方向应是向西偏北，而不应向北。

白 令 海

阿 留 中 岛 弧

洋中脊

大西洋中脊

人有脊梁，船有龙骨。这是人和船成为一定形状的重要支柱。因而人能立于天地之间，船能行于大洋之上。海洋也有脊梁，大洋的脊梁就是大洋中脊，它决定着海洋的成长，是海底扩张的中心。

洋中脊，又称中央海岭。它是一个世界性体系，横贯各大洋，是全球规模最大的洋底山系。从北冰洋开始，穿过大西洋，经印度洋，进入太平洋，逶迤连绵约8万余千米，宽数百至数千千米，总面积堪与全球陆地相比。就好像是大洋的脊梁，任何一条陆地山脉都不能与之相比。

那么世界上的大西洋中，它们的洋中脊会是怎样呢？

大西洋中脊贯穿大洋中部，与两岸大致平行（中脊名称由来），中轴为中央裂谷分开，两侧内壁陡峻，两峰嶙峋，蔚为奇观；印度洋中脊犹如"人"字分布在印度洋中部；太平洋中脊位于偏东的位置上。三大洋中脊在南部相互连接，而北端却分别伸进大陆。

❶ 大西洋
❷ 太平洋
❸ 印度洋
❹ 冰岛
❺ 马里亚纳海沟
❻ 日本海沟
❼ 圣安德列斯断层
❽ 夏威夷群岛

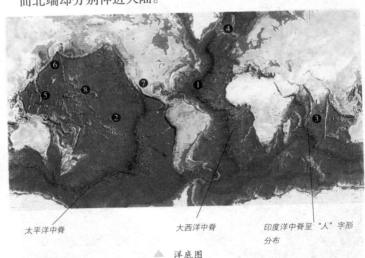

太平洋中脊　　　　　大西洋中脊　　　　印度洋中脊呈"人"字形分布

▲ 洋底图

这其中大西洋中脊的峰是锯齿形的，更为奇特的是，在大洋中脊的峰顶，沿轴向还有一条狭窄的地堑，叫中央裂谷，宽30～40千米，深1 000～3 000米。它把大洋中脊的峰顶分为两列平行的脊峰。

1873年，"挑战者"号船上的科学家在大西洋上进行海洋调查，用普通的测深锤测量水深时，发现了一个奇怪的现象，大西洋中部的水深只有1 000米左右，反而比大洋两侧浅得多。

1925～1927年间，德国"流星"号调查船利用回声测深仪，对大西洋水深又进行了详细的测量，并且绘出了海图，证实了大西洋中部有一条纵贯南北的山脉。

此外，许多观测表明在中央裂谷一带，经常发生地震，而且还经常地释放热量。这里是地壳最薄弱的地方，地幔的高温熔岩从这里流出，遇到冷的海水凝固成岩。经过科学家研究鉴定，这里就是产生新洋壳的地方。较老的大洋底，不断地从这里被新生的洋底推向两侧，更老的洋底被较老的推向更远的地方。

我们从全球海底地貌图中还可以看到，海底地貌最显著的特点是连绵不断的洋脊纵横贯通四大洋。根据海底扩张假说，洋脊两侧的扩张应是平衡的，大洋洋脊应位于大洋中央，但太平洋洋脊却不在太平洋中央，而偏侧于太平洋的东南部，并在加利福尼亚半岛伸入了北美大陆西侧。显然，从加利福尼亚半岛至阿拉斯加这一段的火山、地震、山系等，难以用海底扩张假说解释其成因。那么，太平洋洋脊为什么偏侧一方，这还有待进一步地探索。

如今，关于洋中脊的形成原理，板块构造学说认为，洋中脊是地幔对流上升形成的，是板块分离的部位，也是新地壳开始生长的地方。不仅如此，洋中脊顶部的地壳热量相当大，还成为地热的排泄口，所以火山活动，地震活动在这里会频繁地发生。

由于冰岛的位置正好处于大西洋的洋脊上，所以地震和火山频繁出现

海岸

▲ 岩石海岸

　　提起海岸，人们便会想到悬崖、沙滩，想到白沫飞溅、惊涛拍岸，想到一轮赤红的太阳从靛蓝的海面升起的壮观景象。

　　那么海岸是什么？通俗地说，海岸是临接海水的陆地部分。进一步说，海岸是海岸线上边很狭窄的那一带陆地。总之，海岸是把陆地与海洋分开同时又把陆地与海洋连接起来的海陆之间最亮丽的一道风景线。但是，它不是一条海洋与陆地的固定不变的分界线，而是在潮汐、波浪等因素作用下，每天都在发生变动的一个地带。它形成于遥远的地质时代，当地球形成，海洋出现，海岸也就诞生了。蜿蜒曲折的海岸线经历了漫长的沧桑变化，才形成今天的模样。

　　说到这里我们要了解一下海岸线的形成。海岸线是陆地与海洋相互交汇的地带，是岩石圈、大气圈、水圈和生物圈相互影响的叠合地带。世界海洋面积巨大，岛屿分布星罗棋布，就造成了海岸曲折复杂。在海浪、气候等因素的影响

下，海岸线时刻都在发生着变化。

　　一般而言，有了美丽的海岸，海滩当然也是不可缺少的一部分。海滩通常在海岸地段，是由波浪的推击作用形成的。海滩可由泥、沙、石子这些沉积物组成，也可以由它们混合组成。在海浪的撞击下，海岸的部分岩石裂开，落下一块块大圆石。大圆石裂成小圆石，接着变成碎石，最后散成细细的沙子。海浪冲刷海岸时，常常将沙粒、碎石等带到海边，这些沉淀物慢慢在海边铺开，有的还变成了沙滩。

　　知道了海岸的基本构成，了解海岸的地貌特征也同样重要。世界各地海岸的形态千差万别，有的海岸陡峭曲折，有的海岸则比较平缓。海岸的升降运动是造成这种形态的主要原因。由于地壳运动等原因，有的海岸发生下沉，海水漫上大陆，淹没平原、河谷、山沟，使从前的高山峻岭变成海滨的悬崖峭壁，形成了险峻的深水港湾。与此相反，有的海岸地势升高，潮位线就会后退，一部分浅海沙滩就会升出水面，从而形成平缓的海岸。所以海岸的地貌也是千姿百态，类型多种多样的。我们根据海岸动态可分为堆积海岸和侵蚀性海岸；根据地质构造划分为上升海岸和下降海岸；根据海岸组成物质的性质，可把海岸分为岩石海岸、砂砾质海岸、淤泥质海岸、红树林海岸。

我国的红树林海岸以海南省发育得最好，种类多，面积广。红树植物有10余种，有灌木也有乔木。因其树皮及木材呈红褐色，因而称为红树、红树林。红树的叶子不是红色，而是绿色。枝繁叶茂的红树林在海岸形成的是一道绿色屏障。

▼ 红树林海岸

▲ 芦苇是淤泥质海岸一种植被

这其中根据海岸组成物质的性质的划分应引起我们的格外重视。

就岩石海岸而言，构成海岸的岩石种类是决定海岸地形的主要因素。坚硬的岩石，例如花岗岩、玄武岩和某些砂岩，比较能够抵抗海水的侵蚀，所以往往形成高峻的海岬和坚固的悬崖，使植物得以附着在上面生长；砂砾海岸包括砂质海岸和砾石海岸。砂质海岸主要分布在山地、丘陵沿岸的海湾。山地、丘陵腹地发源的河流，携带大量的粗砂、细砂入海，除在河口沉积形成拦门沙外，随海流扩散的漂砂在海湾里沉积成砂砾海岸。而潮滩上下堆积大量碎玉般石块的海岸称为卵石海岸。它在我国分布较广，多在背靠山地的海区。辽东半岛、山东半岛、广东、广西及海南都有这种海岸分布。辽东半岛西南端的老铁山沿海断续分布着以石英岩为主的卵石海岸。在山东半岛，许多突出的岬角附近都有卵石海岸出现；淤泥质海岸是由淤泥或参杂粉沙的淤泥组成，多分布在输入细颗粒泥沙的大河入海口沿岸。西欧的荷兰和中国的渤海湾沿岸是世界上最著名的淤泥质海岸；红树林海岸是由耐盐的红树林植物群落构成的海岸。红树林分布在低平的堆积海岸的潮间带泥滩上，特别在背风浪的河口、海湾与沙坝后侧的泻湖内最易发育。它常常沿河口、潮水沟道向内陆深入数千米。

更为让人惊奇的就是晶莹洁白的冰雪海岸。在遥远的南极和北极，映入眼帘的是茫茫的冰盖和雪原，那里是冰雪世界。南极洲和北冰洋的海岸十分奇特，在那里很难见到泥沙、岩石，连绵不绝的是由晶莹、洁白、纯净的冰雪组成的海岸。

除此以外，随着科学技术和经济社会的发展，人们驾驭、改造和利用自然的能力也不断加强。人工海岸，即改变原有自然状态完全由人工建设的海岸，规模越来越大。盐场海堤成为雄伟的人工海岸；大规模的海水养殖业也使海岸的面貌发生巨变；海港码头，也是典型的人工海岸；围海造地在我国同样有悠久的历史，为工业用地和城建用地而围海也要先修建拦海大坝，形成人工海岸。

现代社会，全世界一半以上的人口，生活在临近海岸的地带，他们创造着 60% 以上的物质财富。因此可以说海岸是人类繁衍、生活，从事劳动、生产的重要地区。亿万人在海岸地带生息，与海岸相依相伴；同时美丽富绕的海岸使亿万人民和沿岸国家、地区从贫穷落后走向富足和繁荣。

然而与此同时，我们的海岸也面临着巨大的威胁。人们在海岸边建造旅馆，乱扔杂物，把石油和垃圾倾倒在沿岸的海水中，使海滩处于岌岌可危的状态。旅游区的噪声和强光扰乱了栖居在海滩上的鸟类和爬行动物的环境……所有的这一切问题，我们都应该重视起来，保护我们的海岸，保护我们的家园，将成为我们人类时刻不能松懈的任务。

珊瑚礁海岸

珊瑚礁组成了独特的珊瑚礁海岸。那么，它们的根扎在哪里？珊瑚礁并不是无本之木，它也需要有固着的地方。海南岛北岸、西岸的珊瑚礁多固着在海底的玄武岩上。岩石是珊瑚礁最好的附着体。除岩石外，珊瑚礁还能建筑在细砂和泥质基底上。澳大利亚大堡礁的珊瑚礁层之间存在着泥沙夹层，印度尼西亚有些珊瑚礁形成在淤泥之上。无论是岩石、细砂或淤泥都能托起美丽的"珊瑚礁大厦"。

▼ 人工海岸不但在物质上为人类获得利益，而且在精神上以一种美丽的风景让人得以享受。

海峡与海湾

广袤浩瀚、碧波万顷的海洋上，分布有"海洋咽喉"之称的海峡。在海洋的边缘，又分布着众多水深浪小、有"船舶之家"之称的海湾。海峡与海湾是自然地理的重要组成部分，也与人类社会的生活息息相关。

海峡是指两块陆地之间连接两个海或洋的较狭窄的水道。它一般深度较大，水流较急。由于地理位置特殊，海峡往往都是水上重要的交通枢纽，因此它在交通和战略上具有重要意义。著名的海峡有很多，其中有马六甲海峡、直布罗陀海峡、白令海峡等。

位于马来半岛和苏门答腊岛之间的马六甲海峡，因马来半岛南岸古代名城马六甲而得名。海峡西连安达曼海，东通南海，长约1 080千米，连同出口处的新加坡海峡全长为1 185千米，它是连接太平洋和印度洋的重要海上通道，也是世界上最重要的洋际海峡。

被誉为欧洲的"生命线"之称的直布罗陀海峡也毫不逊色。"直布罗陀"一词源于阿拉伯语，是"塔里克之山"的意思，它位于欧洲伊比利亚半岛南端和非洲西北角之间，全长约90千米。该海峡是沟通地中海和大西洋的唯一通道，是连接地中海和大西洋的重要门户。

世界海运最繁忙的海峡

英吉利海峡位于英国和法国之间，在法语中它称为"拉芒什海峡"。它西临大西洋，向东通过多佛尔海峡连接北海，地处国际海运要冲，也是欧洲大陆通往英国的最近水道。因此，它理所当然地成了世界海运最繁忙的海峡。

在这里值得一提的还有霍尔木兹海峡。它是连接波斯湾和印度洋的海峡，它也是唯一一个进入波斯湾的水道。海峡的北岸是伊朗，南岸是阿曼，海峡中间偏近伊朗的一边有一个大岛叫作格什姆岛，隶属于伊朗。如今的霍尔木兹海峡是全球最繁忙的水道之一，波斯湾沿岸地区是世界上石油蕴藏和生产量最大的地区，因此该海峡又被称为"西方世界的生命线"。

▲ 直布罗陀海峡位于西班牙最南部和非洲西北部之间，是连接地中海和大西洋的重要门户。

此外还有莫桑比克海峡。它位于非洲大陆东南岸同马达加斯加岛之间，呈东北西南走向，全长 1 670 千米，是世界最长的海峡。海峡两岸的主要港口有科摩罗的莫罗尼、莫桑比克的纳卡拉、莫桑比克、贝拉、马普托等。

比起海峡，海湾的形式也是多种多样。我们通常将延伸入大陆，深度逐渐减少的水域称为海湾。简单地讲，海湾就是海和洋伸进陆地的部分，它对调节气候和海洋运输有很重要作用。这其中比较著名的海湾有几内亚湾、阿拉伯海，还有我国的大连湾、胶州湾、北部湾。北部湾是我国最大的海湾。然而世界上最大的海湾却是隶属印度洋的孟加拉湾，它是世界上最大的海湾，其面积为 217 万平方千米，是印度洋向太平洋过渡的第一湾，也是两大洋之间的重要海上通道。在它沿岸的重要港口有加尔各答、马德拉斯和吉大港等。

一 岛屿

▲ 各岛屿大小相差悬殊，外貌形态各异，按照成因可以归结为大陆岛、火山岛和珊瑚岛三类，后两类又称海洋岛。

有一位老航海家曾经说过："海洋里的岛屿，像天上的星星，谁也数不清。"也有人说："每一个海上的岛屿就像是一颗闪闪发光的珍珠，都是无价的宝贝。"可见，岛屿——这些海上的明珠，数量不仅多，而且宝贵。

岛屿是比大陆小而完全被水环绕的陆地。它是对海洋中露出水面、大小不等的陆地的统称。在河流、湖泊和海洋里都有，面积从很小的几平方米到非常大达几万平方千米不等。事实上，岛与屿是有所不同的，岛的面积一般较大，屿是比岛更小的海洋陆块。但平时人们常把岛和屿连起来，用于泛指各种大小不同的海洋中的陆地。此外，人们还常用礁、滩来称呼它们，露出水面的叫岛礁，隐伏在水下的叫暗礁。暗礁是航船危险的障碍，船在海洋航行，如果触到了暗礁，就会造成沉船的灾难。

总的来说，世界岛屿面积约占陆地总面积的 7%，而最大的岛屿是北美洲东北部的格陵兰岛。

除了最大的岛屿外，还有许多富有特色的岛屿。比如千姿百态的火山岛、风光旖旎的珊瑚岛和神秘的复活节岛等。

火山岛是海底火山喷发物质堆积，并露出海面而形成的岛屿。海岛形成后，由于长年的风化剥蚀，岛上岩石破碎成

▲ 世界上最大的岛屿是格陵兰岛，面积达 217.56 万平方千米。

土壤，开始生长动植物。冰岛不但寒冷多雪，还是世界上火山活动最活跃的地区。全岛火山有 200 多处，其中活火山约 30 座，历史上有记载的火山喷发活动就有 150 多次。

珊瑚的石灰质骨骼加上单细胞藻类的残骸以及双壳软体动物、棘皮动物的甲壳，日积月累，就形成了珊瑚礁和珊瑚岛。那里主要有三种珊瑚礁：岸礁、环礁、堡礁。珊瑚岛主要分布在太平洋和印度洋近赤道地带的热带水域。那里风光美丽，景色宜人。

智利附近的南太平洋上，有一个孤零零的小岛。它就是神秘的复活节岛。1722 年，罗格文将军带领一帮人登到岛上，发现岛上耸立着许多石雕人像，它们背靠大海，面对陆地，排列在海岛的岸边上。每个石像形态不同，大小也不一样。这些石像是如何来的，至今还是一个谜。

由于岛屿是被隔离的陆地，所以岛屿上的动植物非常有特色。往往是其他地方没有发现的动植物种的栖息地，人们称这些物种为特有物种。

险峻奇特的蛇岛

在辽东半岛南部、距旅顺港不远的海面上，有一个人迹罕至的小岛，由于岛上生活着成千上万条腹蛇，人们送它一个名字——"蛇岛"。蛇岛又叫蟒岛，当地人称小龙山岛。蛇岛是蝮蛇的王国，草丛中有蛇，岩石上有蛇，沟谷中有蛇，石缝岩洞里有蛇，乱石中有蛇，树枝上有蛇。据生物学家考证，目前蛇岛上约有蝮蛇 15000 多条。

神秘的复活节岛

群岛和半岛

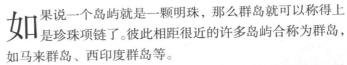

加拉帕戈斯群岛又称科隆群岛，属于厄瓜多尔，由于这里的生物是在与外界隔绝的情况下进化的，所以物种丰富。是全球最著名的生态旅游景点之一。

如果说一个岛屿就是一颗明珠，那么群岛就可以称得上是珍珠项链了。彼此相距很近的许多岛屿合称为群岛，如马来群岛、西印度群岛等。

除此以外，坐落在中国长江口东南海面的舟山群岛，是中国最大的群岛，素有"海上仙山"的美称。这里岛礁众多，星罗棋布，共有大、小岛屿1 339个，约相当于我国海岛总数的20%。舟山群岛的主要岛屿有舟山岛、岱山岛、朱家尖岛、六横岛、金塘岛等，其中，面积约为502平方千米的舟山岛最大，它是我国第四大岛。

在这里比较著名的还有加拉帕戈斯群岛。加拉帕戈斯群岛由19个火山岛组成，从南美大陆延入太平洋约1 000千米，被人称作"独特的活的生物进化博物馆和陈列室"。这里生存着一些不寻常的动物物种。例如陆生鬣蜥，巨龟和多种类型的雀类。1835年，查尔斯·达尔文参观了这片岛屿后，从中得到感悟，为进化论的形成奠定了基础。群岛的名字"加拉帕戈斯"源于西班牙语"大海龟"之意。由于远离大陆，这里的动物以自己固有的特色进化着。

相对群岛而言，半岛是伸入海洋或湖泊中的陆地，三面临水，一面与陆地相连，如阿拉伯半岛、中南半岛等。半岛面积大小不一；伸入海洋的长度有长有短；形状各异：楔

▲ 加拉帕戈斯群岛陆生鬣蜥

状、条状和不规则形；成因也不同：有山地隆起型、陷断型、泥砂堆积型、火山熔岩堆积型等。中国的半岛分布于东部和南部，其中又以山地海岸为多。著名的半岛有辽东半岛、山东半岛、雷州半岛、九龙半岛等。

在所有的半岛中，位于亚洲西南部的阿拉伯半岛是世界最大的半岛。它的面积约300万平方千米，包括沙特阿拉伯、也门、科威特等7个主权国家的领土。半岛上矿产丰富，是世界上石油、天然气蕴藏最丰富的地区之一。

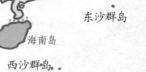

东沙群岛

海南岛

西沙群岛

中沙群岛

南沙群岛

曾母暗沙

阿拉伯半岛

在欧洲，曲折蜿蜒的海岸线，如繁星般多的半岛，使它素有"半岛的大陆"的称号。其中，面积超过10万平方千米的半岛有5个：北欧的斯堪的纳维亚半岛（世界第五大半岛），面积约5万平方千米；西南欧的伊比利亚半岛；东南欧的巴尔干半岛；南欧的亚平宁半岛；北欧的泰梅尔半岛。

在南极洲也有一个大半岛，它是位于南极大陆威德尔海与别林斯高晋海之间的南极半岛，面积约有18万平方千米，是一个多山的半岛。南美洲和大洋洲虽然也有半岛，但面积都很小。

位于南海南部的南沙群岛是南海诸岛中分布海域最广，岛礁最多，但平均每个岛礁面积最小的一个珊瑚岛群。在我国古代有千里长沙、万里石塘之称。南沙群岛海滩如玉，绿洲如茵，鸟飞长空，鱼翔浅底……一幅永不褪色的热带海岛风光画卷。动植物种类也同西沙群岛一样，是海龟、玳瑁繁殖的家园。

一 夏威夷群岛

▲ 夏威夷属于海岛型气候，终年有季风调节，每年温度为 26 ~ 31℃。

夏威夷群岛实在是个梦幻般的地方。

这里的天空和海水都是最最澄澈的颜色，棉花糖一般洁白松软的云朵总在天上不紧不慢地飘着，习习的微风怡人得像豆蔻少女投来的回眸一笑。一年四季各种奇花异草张扬地开满路边，还不甘心地散发出甜香充溢人们的口鼻之间。金灿灿的沙滩在菠萝树、棕榈树的点缀下平平地直铺入海浪深处，散布在岸边的五彩洋伞下面飘散出美酒的醇香和悠扬的乐声……

如此浪漫美丽的夏威夷群岛位于海天一色、浩瀚无际的太平洋北部，是美国唯一的岛屿州。由夏威夷、毛伊、瓦胡、考爱、莫洛凯等 8 个较大岛屿和 100 多个小岛组成，就像一串光彩夺目的珠链在白云悠悠、海水深碧的茫茫大洋上熠熠生辉，逶迤 3 200 千米。美国著名作家马克·吐温曾盛赞夏威夷群岛为"大洋中最美的岛屿""是停泊在海洋中最可爱的岛屿舰队"。

的确，夏威夷不仅有海浪、沙滩、火山、丛林的大自然之美，而且因地处太平洋中央，扼美、亚、澳三大陆的海空

▲ 夏威夷群岛

交汇中心,具有十分重要的战略地位。它地处太平洋心脏地带,是太平洋上的交通要冲。它向南至大洋洲的斐济首都苏瓦约 5 000 千米,向东到美国西海岸的圣弗兰西斯科近 4 000 千米,向西到日本的横滨约 6 300 千米,向北到阿拉斯加约 4 000 千米,而且中间几乎没有什么岛屿可靠。因此,夏威夷群岛的地理位置和战略地位就显得特别重要,素有"太平洋的十字路口"和"太平洋心脏"之称。

由于夏威夷群岛是太平洋怀抱中的群岛,而且是从太平洋的中部崛地而起的。所以关于它的形成有两种说法:一种是热泉说,太平洋板块在夏威夷热泉的上方缓慢移动,就好像是一张纸在一根点燃的蜡烛上移动,移到哪里,哪里就开始喷发火山,形成火山岛。另一种是板块裂缝说,夏威夷这样的系列岛屿链,是沿太平洋板块中部的裂缝生成的。

▲ 夏威夷岛上的主峰冒纳罗亚火山是世界著名的活火山,海拔 4 205 米,它的大喷火口直径达 5 千米。

▲ 夏威夷草裙舞

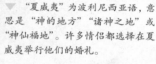

▼ "夏威夷"为波利尼西亚语,意思是"神的地方""诸神之地"或"神仙福地"。许多情侣都选择在夏威夷举行他们的婚礼。

另外,说起夏威夷,人们就会想起草裙舞。而在夏威夷,无论男女都跳草裙舞,跳舞时,男性只缠着一条腰带,女性则不着上装。传说中第一个跳草裙舞的是舞神拉卡,她跳起草裙舞招待她的火神姐姐佩莱,佩莱非常喜欢这个舞蹈,就用火焰点亮了整个天空。自此,草裙舞就成为向神表达敬意的宗教舞蹈。现在,它已经变成用尤克里里琴伴奏的娱乐性舞蹈,观赏草裙舞成了游客游览夏威夷的保留节目。

珍珠港

位于檀香山西侧,与怀基海滩遥遥相对。从 1911 年起,这里便是美国太平洋舰队的总部和基地。1941 年 12 月 7 日,日本突袭珍珠港,美军猝不及防,伤亡惨重。现在珍珠港一部分对游人开放,当年被击沉的 3 万吨级的战舰——"亚利桑那"号依旧躺在清澈的海底,只露出桅杆,旁边建造了一座白色花岗岩纪念馆——"亚利桑那"号纪念馆。

冰岛

冰岛的斯瓦特森吉地热发电厂不但为周围居民和工厂供电，其排出的废水还形成了一个温暖的游泳城。

冰岛的名称原意是"冰的陆地"，中文意译为"冰岛"。它位于大西洋北部接近北极圈的地方，属于欧洲范围，是西北欧地区的一个岛国，面积约 103 106 平方千米。这个岛国约有 75% 是海拔 400 米以上的高原，最高的华纳达尔斯火山海拔 2 119 米，其余为平原低地。被冰雪覆盖的面积约占全国面积的 13%，境内有许多冰川（冰河），其中最著名的为东部的瓦特纳冰川，是欧洲最大的冰川。

由于冰岛位于北半球的高纬度地区，每年的冬季，太阳照射的时间非常短，人们过着漫漫长夜的生活；夏天相反，好像太阳总在头顶转圈圈，天还未完全黑又亮了起来。在每年 10 月前后一段时间里，夜晚可以看到北极方向发出闪耀的极光。

冰岛不但寒冷多雪，还是世界上火山活动最活跃的地区。全岛有火山 200 多处，其中活火山约 30 座，历史上有记载的火山喷发活动就有 150 多次。现在的冰岛，11% 的地面被火山熔岩覆盖着。因此，冰岛又被人们称为"冰与火共存的海岛"。不但岛上有火山，附近海底也经常有火山喷发。1963 年冰岛附近的海洋上发生一起火山喷发，形成了一个小岛，冰岛人给它起了个名字，叫瑟特塞火山岛。

　　火山活动的地方，温泉也很多。冰岛目前约有 800 多处温度较高的温泉，这些温泉水温多数在 75℃左右，最高的110℃以上，它们不停地向地面涌出热水和蒸汽。到了冬天，在首都雷克雅未克城的四周上空大雾弥漫，那就是温泉冒出的水汽，所以人们称雷克雅未克城是"冒烟的城市"，但那不是烟，而是水蒸气。

▼ 冰岛有着丰富的水资源，岛上有许多著名的喷泉、瀑布。

　　尽管是"冰的陆地"，可冰岛却是个富国，在那里人民过着富裕的生活。它的富裕主要是靠渔业、水力和地热三项资源。渔业生产是冰岛经济的支柱产业，国家经济的收入，有百分之七八十靠出口渔产品。水力资源也是冰岛的优势之一。冰岛降水量较大，地形坡度大，河流湍急，蕴藏着很大水能，如果全部开发利用，每年可生产 300 多亿度电能，而现在只开发了 10% 左右。冰岛地热能蕴藏量比水能还要大，如果全部利用起来，每年能发电 800 多亿度，而现在只开发利用了约 7%。需要提出的是，水力和地热是干净的能源，而且在将来能够永久利用。因此，现已有人设想，在冰岛大力开发水能和地热能，通过海底电缆输送到英国和欧洲大陆，那时，冰岛将会得到取之不尽，用之不竭的财富。

　　冰岛的旅游资源，尤其是温泉更具有它的特色。如世界闻名的吉赛尔间隙大喷泉，喷口处直径达 2 米多，每隔 6 小时左右喷发一次，喷出的水柱冲天而上，并发出声响，非常壮观。此外，还有良好的旅游设备，优质的服务条件和冰岛人的纯朴热情。因此，冰岛每年吸引了七八万游客到此旅游。

海洋的气候

海浪

▲ 海岸在波浪昼夜不停地作用下被破坏着，又被塑造着。一个排岸浪对海岸的压力可达 60 吨/平方米。

海浪就像是大海跳动的"脉搏"，周而复始，永不停息。平静时，微波荡漾，浪花轻轻拍打着海岸；"发怒"时，波涛汹涌，巨浪击岸，浪花飞溅，发出雷鸣般响声。正因为有了海浪，大海才显得生机勃勃，令人神往。

而最初，一朵朵美丽的、小小的浪花，就像大海上的精灵。它是由水薄膜隔开的气泡组成的。在淡水中气泡相互靠近、融合，而在咸水中气泡相互排斥、分离。在咸水中形成的气泡比淡水中更细小，存在的时间也更长些。气泡上升到海面时破裂，并将咸水珠抛到比气泡直径大千倍的高处，于是就产生了浪花。

其实这一切都是风在推波助澜，海浪是风在海洋中造成的波浪，包括风浪、涌浪和海洋近岸波等。通常它们的波长为几十厘米至几百米，周期为 0.5 ～ 25 秒，波高几厘米至 20 多米，特殊情况下波高可超过 30 米。

首先是风浪。人们常说"无风不起浪"，风直接推动着

海浪，同时出现许多高低长短不等的波浪，波面较陡，波峰附近常有浪花或大片泡沫，这就是风浪的形成。

其次是涌浪。风浪传播到风区以外的海域中所表现的波浪便是涌浪。它具有较规则的外形，排列比较整齐，波峰线较长，波面较平滑，略近似正弦波。在传播中因海水的内摩擦作用，使能量不断减小而逐渐减弱。

最后的是海洋近岸波。它是风浪或涌浪传播到海岸附近，受地形的作用改变波动性质的海浪。随海水变浅，其传播速度变小，使波峰线弯转，渐渐和等深线平行，波长和波速减小。在传播过程中波形不断变化，波峰前侧不断变陡，后侧不断变得平缓，波面变得很不对称，以至于发生倒卷破碎现象，且在岸边形成水体向前流动的现象。一般，海浪冲击陡峭的岩岸，在斜斜的砂砾或泥质的海岸边形成卷波或崩波。

冲浪是许多人喜爱的一种运动，它是利用浪涌的冲力，将乘着浪板的人冲向前方。

虽然海浪很常见，但它对海上航行、海洋渔业、海战都有很大的影响。海浪能改变舰船的航向、航速，甚至产生船身共振使船体断裂，破坏海港码头、水下工程和海岸防护工程，影响雷达的使用、水上飞机和舰载机的起降、水雷布放、扫雷、海上补给、舰载武器使用和海上救生打捞等。

不仅如此，海浪中还蕴藏着巨大的能量。据测试，海浪对海岸的冲击力达每平方米 20～30 吨。当海浪波高 3 米时，10 平方千米海面的海浪所具有的波浪能，就相当于我国新安江水电站所具有的电能——66 万千瓦。虽然海浪的力量是巨大的，但对于广阔的大海来说它仍然是渺小的。比如说一个波高为 10 米，波长为 200 米的波浪，在 200 米深处，它的振幅减小到 10 毫米，也就是说海面上波高为 10 米的巨浪，到 200 米深处只不过引起 2 厘米的波动而已。所以尽管海面上会出现惊涛骇浪，但在大洋的深处，仍然是一个平静的世界。

"大力士"

海浪是真正的"大力士"。在斯里兰卡的海岸上，有一座距海面 60 米高的灯塔，竟然被拍岸的巨浪所激起的浪花打碎。在荷兰的阿姆斯特丹港附近，海中有一块 20 吨重的混凝土块，竟被大海浪抛到 7 米多高，落到了防波堤上。在苏格兰的海边，有一次巨浪竟把 1 350 吨重的巨石，移动了 10 米多远。在加拿大纽芬兰省海岸外，有一座石油钻井平台，被巨浪袭击后，很快倒沉海中，平台上的 84 名工作人员，没来得及撤离全部遇难。

潮汐

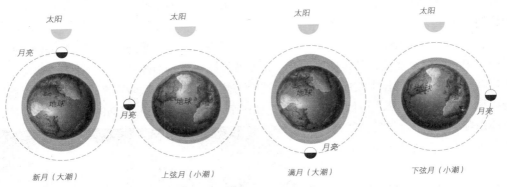

| 新月（大潮） | 上弦月（小潮） | 满月（大潮） | 下弦月（小潮） |

▲ 大潮发生时，月球同太阳在一条直线上；小潮发生时，月球同太阳成直角关系。

潮起潮涌

　　世界上有两大涌潮景观地：一处在南美洲亚马孙河的入海口；另一处则在中国钱塘江北岸的海宁市。

　　每年农历八月十八，在浙江海宁的海潮最有气魄。因钱塘江口呈喇叭形，向内逐渐浅窄，潮波传播受约束而形成。潮头高度可达35米，潮差可达89米，蔚为壮观。但南美的亚马孙河口的涌潮，比我国钱塘江大潮还要壮观。

　　众所周知，潮起潮落是大海的正常现象，是海水重要的运动形式。而在所有的海水运动形式中，最早被人们注意到的就是潮汐。

　　大海中的海水每天都按时涨落起伏变化。古时，人们把白天的涨落称为"潮"，夜间的涨落叫作"汐"，合起来叫作"潮汐"。潮汐现象使海面有规律的起伏，就像人们呼吸一样。潮起时，海面波涛汹涌，翻腾着的浪花击打着岸边的岩石，犹如一位凯旋的将军带着千军万马归来，波澜壮阔。潮落时，海面风平浪静，轻柔退去的浪花抚摸着金黄色的细沙，奇形怪状的礁石，都显露出来。

　　那么如此神秘的潮汐是怎样形成的呢？

　　潮汐是海水受太阳、月亮的引力作用而形成，引力会引起海平面的变化。在地球面向月球的一面引力最大，能产生高潮；在地球背离月球的一面引力最小，海水向背离月球方向上涨，也能产生高潮。

　　从某一时刻开始，海水水位（潮位）不断上涨，这一过程叫涨潮；海水上涨到最高限度，就是高潮；这时，在短时间内，海水不涨也不落，叫平潮；平潮之后，海水开始下落，这叫"退潮"；海水下落到最低限度，即低潮；在一个短时间内出现不落不涨，这叫"停潮"。停潮过后，海水又开始上涨。如此周而复始。

这期间，海洋的潮汐就像太阳的东升西落一样，天天出现，循环不已，永不停息。此外，在海水的一涨一落中还蕴藏着巨大的能量。潮汐能的大小随潮差而变，潮差越大，潮汐能越大。例如在 1 000 平方米的海面上，当潮差为 5 米时，其潮汐能发电的最大功率为 550 千瓦；而潮差为 10 米时，最大发电功率可达 22 000 千瓦。据专家们估计，全世界海洋蕴藏的潮汐能的年发电量可达 33 480 万亿度。因此，人们将潮汐能称为"蓝色的煤海"。世界上最早的潮汐电站是法国的朗斯发电站。

▲ 起潮

潮汐不仅仅为人类提供巨大的能源，在历史上潮汐与战争也有着密不可分的关系。

掌握潮汐发生的时间和高低潮时的水深是保障舰船航行安全，进出港口、通过狭窄水道及在浅水区活动的重要条件，也是建设军港码头、水上机场，进行海道测量、布雷扫雷、救生打捞，构筑海岸防御工事，组织登陆、抗登陆作战和水下工程建设等必须考虑的重要因素。在著名的诺曼底登陆中，盟军在制定登陆计划时，考虑到潮汐的因素，陆军选择在高潮登陆，海军选择在低潮间登陆，由于五个滩头的潮汐不尽相同，所以规定五个不同的登陆时刻。

▲ 退潮

在军事上，小浪利于潜艇隐蔽接近敌方，大浪影响鱼雷发射和舰艇安全航行，不利于登陆作战。

海流

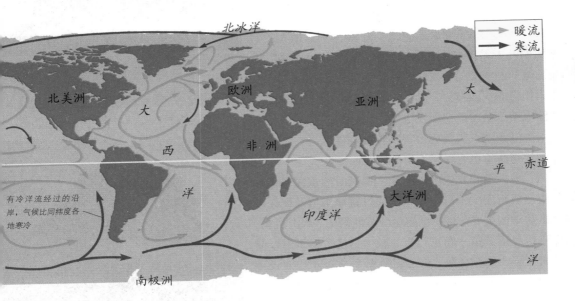

北冰洋

暖流
寒流

北美洲

欧洲

亚洲

太

大

西

非洲

洋

赤道

平

有冷洋流经过的沿
岸，气候比同纬度各
地寒冷

大洋洲

印度洋

洋

南极洲

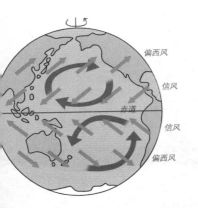

▲ 洋流流动的方向和风向一致，
在赤道附近洋流向西，在两极洋流
向东。

偏西风

信风

赤道

信风

偏西风

海流又称洋流，它是海水沿一定途径的大规模流动。海流就像陆地上的河流那样，长年累月沿着比较固定的路线流动着，不过，河流两岸是陆地，而海流两岸仍是海水。海流遍布整个海洋，既有主流，也有支流，不断地输送着盐类、溶解氧和热量，使海洋充满了活力。

海流在大洋中流动的形式是多种多样的，除表层环流外，还有在下层里偷偷流动的潜流，由下往上的上升流，向底层下沉的下降流，海流水温高于周围海温的暖流，水温低于流经海域的寒流，水流旋转的涡漩流，等等。

世界上最大的海流，有几百千米宽、上千千米长、数百米深。大洋中的海流规模非常大，而且并不都是朝着一个方向流动的。打开一张海流图，你会发现，上面那些像蚯蚓般的曲线，都是代表着海水流动的大致路线。它们首尾相接，循环不已，这就是大洋表层的环流，我们形象地把它比喻为"海洋的血液"。正因为有洋流的运动，南来北往，川流不息，对高低纬度间海洋热能的输送与交换，对全球热量平衡都具有重要的作用。从而调节了地球上的气候。

在这中间，最为著名的便是墨西哥湾（暖）流。因为它不是一股普通的海流，而是世界上第一大海洋暖流。墨西哥湾流虽然有一部分来自墨西哥湾，但它的绝大部分来自加勒比海。它的流量相当于全世界河流量总和的120倍，每年供给北欧海岸的能量，大约相当于在每厘米长的海岸线上得到600吨煤燃烧的能量，像一条巨大的暖气管，供应巨量的热，这就使得欧洲的西部和北部的平均温度比其他同纬度地区高出16～20℃，甚至北极圈内的海港冬季也不结冰。

黑潮是世界大洋中第二大暖流。黑潮像一条海洋中的大河，宽100～200千米，深400～500米，流速每小时3～4千米，流量相当于全世界河流总流量的20倍。它携带着巨大的热量，浩浩荡荡，不分昼夜地由南向北流淌，给日本、朝鲜及中国沿海带来雨水和适宜的气候。

除此以外，还有一种缓慢爬升的海流。

秘鲁位于太平洋的东南岸，海岸线长达2200米，是世界著名的渔业大国。秘鲁能拥有如此丰富的渔业资源，得益于海流。不过，不是大洋环流，是一种在垂直方向上流动的海流，叫作上升流。由于上升流的速度太小，大约每秒钟只上升千分之一厘米，每天大约上升不足1米，不容易被察觉出来。上升流能把海洋下层的水带到海面上来，所以在有上升流的地方，海水的温度比周围低些，在夏季或是热带海域，能比周围低5～8℃；盐度比周围海水也要显著高些。

1856年，一艘双桅帆船在大西洋比斯开湾遇难。几名死里逃生的水手漂泊到一个渺无人烟的荒岛上，在海沙中发现已沉睡358年的椰子壳信。原来这是哥伦布写给国王的求救信，而信使便是海流。

▼ 温暖的洋流滋生大量的微生物，吸引成群的鱼类在这里捕食，所以洋流中有着丰富的海洋生物资源。

◀ 俄罗斯的摩尔曼斯克是北冰洋沿岸的重要海港，那里因受北大西洋暖流的恩泽，港湾终年不冻，成为俄罗斯北洋舰队和渔业、海运基地。

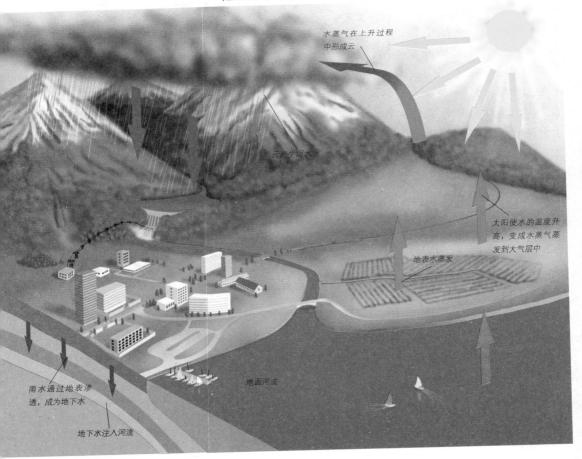

水循环

中国古诗中有"山雨欲来风满楼"的佳句。刮风下雨像一对孪生兄弟，总是相伴而行。那么，地球上的风雨是哪里来的呢？

不同的风雨，各有不同的成因和来源。但是，从地球宏观水循环的观点看问题，风雨起源于海洋，海洋是风雨的故乡。在广阔的海面上，海水不断地蒸发进入大气层。海面上的气团就像一个吸满水的湿毛巾。湿气团上升成云，靠太阳和海洋供给的能量，由海面输送到大陆上空，以雨雪的形式降落到地面，再经江河返回海洋。地球上水的总量约为 15 亿立方千米，其中海水约为 13.7 亿立方千米。陆地上的水

水蒸气在上升过程中形成云

云产生雨水

太阳使水的温度升高，变成水蒸气蒸发到大气层中

地表水蒸发

雨水通过地表渗透，成为地下水

地面河流

地下水注入河流

和海水相比，只占了很少部分。在陆地上分布着河流、湖泊、沼泽和地下水，连同厚厚的冰川，这些水组成了自然界的水圈。千百年来，它们如此循环不息，数量变化很小，这就是地球水的自然循环。风雨从海洋开始，又回到海洋，因此我们说海洋是风雨的故乡。

事实上，海洋不但是风雨的故乡，它还是地球的中央空气调节器。在夏天的时候从海洋上吹来凉爽的风，冬天的时候又给陆地送去温暖的风，它时时刻刻调节着空气的温度和湿度。海洋能有调节气候的作用，原因就在于海洋是一个巨大的热能仓库。

海洋的面积广大，海水吸收热量的能力强，进而储存热量的能力也大。海洋表面的热量来源最主要的是太阳辐射。进入海洋热量的51%用于海水蒸发，42%用于海面回辐射，7%用于对流和传导，是海水传给了大气。因此，到达地球的大部分太阳能量都被海洋吸收并储存起来，海洋就成为地球上名副其实的热能大仓库。相对海洋而言，陆地表面吸收太阳热量能力差，而且集中在表层很浅的地方，储存能力也很差。白天热得快，夜晚也凉得快。这样一来，地球热量的供应就主要由海洋来调节。海洋通过海水温度的升降和海流的循环，并通过与大气的相互作用影响地球气候变化。

海洋不但通过大气调节地球气候，而且海洋浮游植物的光合作用，还向地球大气提供40%的再生氧气。另外60%的再生氧气是森林和其他地表植物提供的，因此，人们把海洋与森林并称为地球的两叶肺。不过，地球的这两叶肺与动物的肺相反，它吸入的是二氧化碳，呼出却是新鲜的氧气。地球上的生物就是依靠氧气继续存活下去。

世界之肺

亚马孙雨林是地球上最大的热带雨林，其面积相当于美国的国土面积。位于"河流之王"——亚马孙河流域，每年吞噬全球排放的大量二氧化碳，又制造大量的氧气，被称为"世界之肺"。

海水颜色

▼ 海水是无色透明的，跟我们生活中自来水的颜色是一样的。只不过因为太阳光透过海水把蓝色、绿色反射到我们的眼中，所以海水看起来就成蓝的了

海水吸收阳光的现象

10 米

20 米

30 米

40 米

晴朗的夏日，面对烟波浩渺的大海、蔚蓝色的海面，辉映着蔚蓝色的天穹，极目远眺，水天一色，极为壮观。即使从太空中看，地球也是个蔚蓝色的星球。而事实上，海洋水和普通水并没两样，都是无色透明。为什么看见的海水呈蓝色呢？

原来，海洋是个连绵不断的水体，它的水色主要由海洋水分子和悬浮颗粒对光的散射决定。但大洋中悬浮质较小，颗粒也很微小，因此水的颜色取决于海水分子的光学性质。简单地讲就是，五颜六色的海水形成的原因是海水对光线的吸收、反射和散射的缘故。

人眼能看见的七种可见光，其波长是不同的，它们被海水吸收、反射和散射程度也不相同。其中波长较长的红光、橙光、黄光，穿透能力较强，最容易被水分子吸引，射入海水后，随海洋深度的增加逐渐被吸收了。一般来说，当水深超过 100 米，这三种波长的光，基本被海水吸收，还能提高海水的温度。而波长较短的蓝光、紫光和部分绿光穿透能力弱，遇到海水容易发生反射和散射，这样海水便呈现蓝色。

紫光波长最短，最容易被反射和散射，为什么海水不呈紫色?科学实验证明，由于人的眼睛对海水反射的紫色很不敏感，因此往往视而不见，人眼对可见光有一定偏见，对红光虽可见到，但是感受能力较弱，对紫光也只是勉强看到，相反地对蓝绿光都比较敏感。这样，少量的蓝绿光就会使海水中呈现湛蓝或碧绿的颜色。

可是也有的海看起来是红色的。赤潮又称红潮，是海洋因浮游生物的兴盛，海水呈现一片铁锈红色而得名。这种使海水变色的浮游生物，主要是繁殖力极强的海藻，其他的还有极微小的单细胞原生动物——各类鞭旋虫等。赤潮的海水都有臭味，因而也被渔民们俗称为"臭水"。它会使水体变黏稠，附着在鱼虾表皮和鳃上，导致鱼虾呼吸困难而死亡。许多赤潮生物还有较大毒性，因此它对海洋捕捞业、养殖业的危害极大。现在我们知道，这实际上是一种海水被污染的现象，而不是海水本来的颜色。

除了赤潮，还有黄海。黄海是因为古时黄河的水流入，江河带来大量泥沙，使海水中悬浮物质增多，海水透明度变小，故呈现黄色，黄海之名因此而得。黄海是我国华北的海防前哨，也是华北一带的海路要道。

世界上有红海、黄海、黑海，那么是不是还有白海。其实，白海是存在的，它就是北冰洋的边缘海，一年有200多天被皑皑的白雪与冰层覆盖，所以人们给它起了这么一个美丽纯洁的名字。

海市蜃楼

夏天，在平静无风的海面上，向远方望去，有时能看见山峰、船舶、楼台等出现在空中，古代人不明白这是什么现象，就把它叫作"海市蜃楼"。其实，这是由于光在密度分布不均匀的空气中传播时发生折射造成的。除此之外，沙漠里也有这种奇异的现象发生。

赤潮

海水的盐度

▲ 人们很早就认识到"炼海煮盐"的道理，并掌握了煮盐技术。

▶ 目前世界上只有中国、印度和少数气候条件特别适宜的国家大规模海水晒盐。

不知道你尝没尝过海水，刚进嘴只是有点咸，可马上就又苦又涩，难受之极。可是海水为什么是咸的呢？

海水之所以咸，是因为海水是盐的"故乡"，在里面含有各种盐类，其中90%左右是氯化钠，也就是食盐。海水中另外还含有氯化镁、硫酸镁、碳酸镁及含钾、碘、钠、溴等各种元素的其他盐类。正是这些盐类使海水变得又苦又涩，难以入口。氯化镁是点豆腐用的卤水的主要成分，味道

是苦的，因此，含盐类比重很大的海水喝起来就又咸又苦了。

那么这些盐类究竟从哪里来的呢？

有的科学家认为，地球在漫长的地质时期，刚开始形成的地表水（包括海水）都是淡水。后来由于水流侵蚀了地表岩石，使岩石的盐分不断地溶于水中。这些水流再汇成大河流入海中，随着水分的不断蒸发，盐分逐渐沉积，时间长了，盐类就越积越多，于是海水就变成咸的了。如果按照这种推理，那么随着时间的流逝，海水将会越来越咸。

有的科学家则另有看法。他们认为，海水一开始就是咸的，是先天就形成的。根据他们测试研究发现，海水并没有越来越咸，海水中盐分并没有增加，只是在地球各个地质的历史时期，海水中含盐分的比例不同。

还有一些科学家认为，海水所以是咸的，不仅有先天的原因，也有后来的因素。海水中的盐分不仅有大陆上的盐类不断流入到海水中去，而且在大洋底部随着海底火山喷发，海底岩浆溢出，也会使海水盐分不断增加。海水经过不断蒸发，盐的浓度就越来越高，而海洋的形成经过了几十万年，海水中含有这么多的盐也就不奇怪了。这种说法得到了大多数学者的赞同。

虽然海水中都含有盐，然而世界的个别海域盐度差别很大。地中海东部海域盐度达到 39.58‰，西部受到大西洋影响，盐度下降，只有 37‰。红海海水盐度达到 40‰，局部地区高达 42.8‰。世界上海水盐度最高的是死海。死海表面的盐度为 227‰~275‰。深 40 米处，海水盐度达到 281‰。

影响海水盐度变化的因素主要与海水的蒸发、降雨、海流和海水混合这 4 个方面有关。近岸海水的盐度主要受陆地河流向海洋输入淡水影响，所以盐度的变化范围较大。此外，在地球的高纬度地区，冰层的结冰和融化对这些海区海水的盐度影响也很大。

中国早期制盐的历史

相传炎帝时（约公元前 4000 年的新石器时代）夙沙氏煮海为盐。用火熬海水制盐最早起源于山东半岛胶州湾一带。此法一直延续到明清，后逐渐过渡到用滩晒法制海盐。

▼ 如果把海水中的盐全部提取出来平铺在陆地上，陆地的高度可以增加 153 米；假如把世界海洋的水都蒸发干了，海底就会积上 60 米厚的盐层。

死海

▲ 死海中渗出的"盐柱"

▲ 死海泥富含矿物质，对人体有健肤、美容的功效。

公元 70 年，罗马大军统帅狄杜攻克耶路撒冷，他下令把俘虏投入海中淹死。可是奇迹发生了，戴着脚镣手铐的俘虏在水里根本不往下沉。罗马士兵一遍又一遍地把他们投入大海里，可海浪一次又一次地把他们送回岸边……这个神奇的海域就叫死海。

死海位于约旦和巴勒斯坦之间，长约 80 千米，最宽处为 18 千米，湖水表面面约 1 020 平方千米，最深处 400 米。湖东的利桑半岛将该湖划分为两个大小深浅不同的湖盆，北面的面积占 3/4，深 400 米，南面平均深度不到 3 米。水面低于海平面 392 米，是世界陆地最低点，也是世界上盐度最高的天然水体之一。尽管名字很吓人，实际上一点都不可怕。死海虽然是以海的名字命名的，但并不是海，它只是一个咸水湖而已。

关于死海的成因是由于流入死海的河水不断蒸发，矿物质大量沉积的自然条件造成的。人们之所以称它为死海大概有两个原因，一是找不到任何可以流出海水的口；二是水生植物和鱼类等生物无法生存。在水中只有细菌，没有其他动植物，岸边也没有花草，所以人们称之为死海。不过，美国和以色列的科学家们发现，就在这种最咸的水中，死海湖底的沉积物中居然仍有 11 种细菌和一种海藻生存。

另外，由于气候条件的影响，这里的湖水含盐量极高，游泳者很容易浮起来。一般海水含盐量为 35‰，死海的含盐量达 230‰~250‰。在表层水中，每升的盐分就达 227~275 克。所以说，死海是一个大盐库。据估计，死海的总含盐量约有 130 亿吨。在死海洗浴，人可以轻而易举地漂浮在水面上，因此，在死海上洗浴、游泳的感受非同一般。死海洗浴不仅感受独特，它对人体还有保健和治疗的功效。死海浮睡可以减轻精神压力，增进人的睡眠质量。

可是，死海的前景并不容乐观。有报道称，死海在近 50 年的时间里，失去了 30% 的海水，如果这样下去的话，在 100 年之内死海将不复存在。这些年来，死海附近自然资源过度开采，死海的南湖已经完全消失，现在只有北湖了。据此推测，在未来的某一天，我们看到的将是真正的无水之海。

▲ 由于死海的盐度很高，人总是能浮在上面，所以这里成为人们观光旅游的好去处。

死海古卷

死海古卷或称死海经卷，是目前最古老的希伯莱圣经，"死海古卷"被称为 20 世纪最伟大的考古发现。1947 年，因牧童在死海西北端古姆兰遗址的一个山洞里发现了一些罐子，罐内有一些羊皮纸古卷，卷上有用希伯莱语和阿拉米语这两种古犹太语写的文字。其中记述了古代犹太人丰富的文化生活，包括现存最古老的圣经手抄本。

海里的声音

水里是我们所不熟悉的另外一个世界，五彩缤纷、五颜六色的海底世界是摄像师用我们熟悉的光带给我们的感受。其实水下尤其是深水区往往是漆黑一片，生活在这里的生物练就了通过声音来辨别目标的能力，所以说水下是声音的世界。

近表层海水的温度、盐度变化剧烈，所以海洋中的最大声速一般在海平面下 100 米深处。从上方传来的声音不能穿越这个声速最大层，从下方传来的声音也不能穿透声速最大层向上传播，而向下折射。所以，这个声波不能穿透的区域叫作声音影带。在这样的环境中，对各种海洋生物来说，海洋中的声音对它们有极其重要的意义。许多生物都是靠声音来传播信息、寻找猎物和导航的。像鲸类动物，是靠声音来

▼ 白鲸的"嗓门"很大，在平静的海上，一百千米以外都能听到它的喷气声。其"歌声"悠扬动听，有人称它为"海中的金丝雀"。

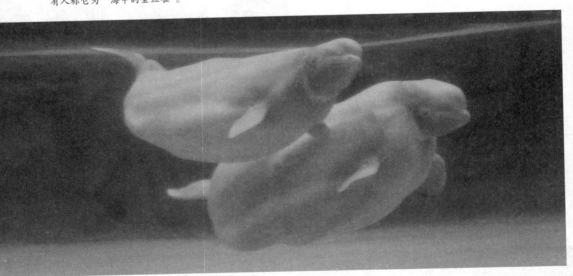

和伙伴交流，并利用声波来确定目标的大小、距离和方位。

水下生物利用声波的特点有点像空中飞行的蝙蝠，科学家就是根据这些特点来研制声呐的。在伸手不见五指的深海，它是人类探索海底未知世界的有力手段。

如果将一个声源放在大洋中最小声速处，即水深 1 000 米处，声波会汇集在这里，以最小的能量衰减，并且沿着这

用拖曳式表面回声探测器用人工在海下制造小地震的方法，记录局部海区的地貌，借以判断有无油气田。

条声速带传播，这就是水中声道。实验证明，声音沿着水中声道传播可达几千千米甚至几万千米。海洋中的声速在 1 450 ~ 1 550 米/秒之间变化。由于海水的密度比空气大得多，海水是声波的良好介质。所以，海水中的声速比空气中的声速快得多。

声呐显示装置

现在军用和民用技术中应用非常广泛的声呐，便是根据声音在水下传播的原理设计的，被称为"水下的雷达"。不同的是，雷达波是电磁波，适合在空气中传播，而电磁波在水下会很快衰减，只有声音可以在水下传播，而且传得很远。由于水下我们无法用眼睛看到，因此对水下地貌的研究只有用先进的声呐来探测。回声探测仪，也就是今天已经广为使用的声呐。它测量海底深度的原理就是从船上发出声脉冲至洋底，通过测算接收，然后将接收到的回声所经历的时间自动转换为深度值显示出来。我们平常看到的海底结构图就是根据声呐提供的数据绘制的。可以这样说，我们就是通过它去了解人类所未知的海底世界。

达·芬奇的发明

据说很早就有人爬在岸边来倾听来自远方轮船的声音。达·芬奇发明了一种管子，他将管子一头浸入水中，另一头贴着耳朵，就可以通过传来的声音辨别远处船只的方位、距离。

海 洋 的 故 事

HAIYANG DE GUSHI

风暴潮

海上台风与大潮联合作用形成风暴潮

风暴潮指由强烈大气扰动，如热带气旋（台风、飓风）、温带气旋等引起的海面异常升高现象。沿海潮站或河口水位站所记录的海面升降，通常为天文潮、风暴潮、（地震）海啸及其他长波振动引起海面变化的综合特征。一般验潮装置已经滤掉了数秒级的短周期海浪引起的海面波动。如果风暴潮恰好与天文高潮相叠（尤其是与天文大潮期间的高潮相叠），加之风暴潮往往夹杂狂风恶浪而至，逆江河洪水而上，常常会使其影响所及的滨海区域的潮水暴涨，甚者海潮冲毁海堤海塘，吞噬码头、工厂、城镇和村庄，使物资不得转移，人畜不得逃生，从而酿成巨大灾难。

有人称风暴潮为"风暴海啸"或"气象海啸"，在我国历史文献中又多称为"海溢""海侵""海啸"，及"大海潮"等，把风暴潮灾害称为"潮灾"。风暴潮的空间范围一般由几十千米至上千千米，时间尺度或周期为 1～100 小时，介于地震海啸和低频天文潮波之间。但有时风暴潮影响区域随大气扰动因子的移动而移动，因而有时一次风暴潮过程可影响一两千千米的海岸区域，影响时间多达数天之久。

在世界上，有一个著名的与风暴潮抗争的国家——荷兰。"荷兰"在日耳曼语中叫尼德兰，意为"低地之国"，因其国土有一半

以上低于或几乎水平于海平面而得名。它位于西欧,濒临北海,全境地势低洼,河流纵横,渠道交错,堤坝密布,全国面积近5万平方千米,其中有1/4位于海拔1米以下。荷兰的气候属海洋性温带阔叶林气候。由于地低土潮,荷兰人接受了法国高卢人发明的木鞋,并在几百年的历史中赋予其典

▼ 风车是荷兰的又一大特色,荷兰各地有着许许多多各式各样的风车。风车使荷兰有了一个"风车王国"的雅称。

型的荷兰特色。由于这一带潮差较大,极易发生风暴潮灾害,所以长期以来,荷兰人为了生存和发展,竭力保护原本不大的国土,避免在海水涨潮时遭受"灭顶之灾",他们与海潮、水患进行了坚持不懈地斗争。

在这些与海的长期斗争中,围海造田是其中一项最有成效的措施,直到今天它仍然是人类向海洋空间发展的一项重要活动。荷兰首当其推是向海洋索取土地的著名国家。早在13世纪荷兰人民就筑堤坝拦海水,再以风车为动力挖泥和抽干围堰内的水,到今天风车仍然是这个低地国家的代表景观呢。几百年来,荷兰修筑的拦海堤坝长达1800千米,增加土地面积60多万公顷。如今荷兰国土的20%都是通过人工填海造出来的。

江苏千里防潮长城——范公堤

在我国,千百年来沿海风暴潮肆虐最甚的地方往往是在平原海岸地带,因此,筑堤防潮是沿海群众防御潮灾最有效的方法之一,在过去已建成的防潮堤坝中最负盛名的莫过于范公堤。范公堤是当地群众为纪念北宋时期范仲淹主持修建的捍海堤坝而命名的。这些拦潮海堤位于江苏沿海,地处长江口以北,北起阜宁,南至启东的吕四,全长约300千米。

台风

台风所到之处，席卷一切，给人类生命财产带来很大损失。

它是发生在热带海洋的风暴，当它吹越海面时，可以掀起十多米高的巨浪；当它推进到岸边的时候，会叠起一片浪墙，汹涌上岸，席卷一切。这种风暴，在亚洲东部的中国和日本，被称作台风；在美洲，人们叫它飓风。

台风的老家在热带海洋，它形成的条件主要有两个：一是比较高的海洋温度；二是充沛的水汽。在温度高的海域内，正好碰上了大气里发生一些扰动，大量空气开始往上升，使地面气压降低，这时上升海域的外围空气就源源不绝地流入上升区，又因地球转动的关系，使流入的空气像车轮那样旋转起来。当上升空气膨胀变冷，其中的水汽冷却凝成水滴时，要放出热量，这又助长了低层空气不断上升，使地面气压下降得更低，空气旋转得更加猛烈，这就形成了台风。

事实上，台风是没有风的风眼。由于台风是热带海洋上的大风暴，也就是说它是范围很大的一团旋转的空气。台风边转边走，四周的空气绕着它的中心旋转得很急。空气旋转得越急，流动速度越快，风速也越大。但是在台风中心大约直径为 10 千米的圆面积内（称为台风眼），因为外围的空气旋转得太厉害，外面的空气不易进到里面去，那里好像一根孤立的大管子一样。所以台风眼区的空气，几乎是不旋转的，因而也就没有风。

台风的命名

人们对台风的命名始于 20 世纪初，起初人们用人名来为台风命名，直到 1997 年，世界气象组织会议决定，西北太平洋和南海的热带气旋采用具有亚洲风格的名字命名，并决定从 2000 年 1 月 1 日起开始使用新的命名方法。

可是我们常常能够在海面上看到这样一种现象:海水被一阵掠过的旋风卷起，看上去像灰黑色的巨蛇从大海中蹿出……这实际上是水龙卷在海上形成的龙卷风，这大概就是种种有关海洋怪物的传说的由来。

台风经常给社会和人类带来较大灾害，常引起建筑物及设施的破坏和倒塌，并造成车辆的颠覆、失控、无法运行，船舶的流失、沉没，电线杆的折断、损坏，树木、农作物的倒伏和落果。台风带来的强降雨还会引发山洪暴发等。2005年8月，"卡特里娜"飓风袭击美国新奥尔良，造成1 036人遇难。

风眼

湿热上升气流

最强的风位于紧贴着风眼外的眼壁下

温暖的海洋提供了驱动风暴所需的能量

可是台风除了给登陆地区带来暴风雨等严重灾害外，也有一定的好处。据统计，包括我国在内的东南亚各国和美国，台风降雨量约占这些地区总降雨量的1/4以上，因此如果没有台风这些国家的农业困境不堪想象;此外台风对于调剂地球热量、维持热平衡更是功不可没。众所周知热带地区由于接收的太阳辐射热量最多，因此气候也最为炎热，而寒带地区正好相反。由于台风的活动，热带地区的热量被驱散到高纬度地区，从而使寒带地区的热量得到补偿，如果没有台风就会造成热带地区气候越来越炎热，而寒带地区越来越寒冷，自然地球上温带也就不复存在了，众多的植物和动物也会因难以适应而将出现灭绝，那将是一种非常可怕的情景。

▲ 台风过后，总是带来大量的降雨，经常引起洪水灾害。下图为1945年9月洪水侵袭美国佛罗里达州。

海雾

笼罩在海面上的薄雾虽缥缈美丽，但却是海上交通事故的隐患。

我国沿海每到春暖花开，由冷转暖的时候，经常会出现迷迷濛濛、毛毛细雨的天气，能见度显著降低，甚至相距几米也难见踪影，这就是人们熟知的海雾。

海雾是海面低层大气中一种水蒸气凝结的天气现象。因它能反射各种波长的光，故常呈乳白色。雾的形成要经过水汽的凝结和凝结成的水滴（或冰晶）在低空积聚这样两个不同的物理过程。在这两个过程中还要具备两个条件：一是在凝结时必须有一个凝聚核，如盐粒或尘埃等，否则水汽凝结是非常困难的；另一个是水滴（或冰晶）必须悬浮在近海面空气中，使水平能见度小于 1 千米。

由于海雾产生的原因不同，因此可以把它分成 4 种类型：平流雾、冷却雾、冰面辐射雾、地形雾。而平流冷却雾最常见，我国海区出现的海雾，主要是这种平流雾。在世界众多著名海雾区出现的海雾，也大都是平流雾造成的。比如来自旧金山大桥西侧太平洋上的海雾乘西风经大桥进入南北向的旧金山海湾时，常常把大桥突然淹没。当雾区边缘经过大桥时，便会出现"断桥"的奇景，这就是所谓的"雾断金门"的美景。

海雾虽然很美，但它却是海洋上的危险天气之一。它对海上航行和沿岸活动有直接影响，它能使客船、商船、渔船和舰艇等偏航、触礁或搁浅。

为了应对这种情况，每当海面出现雾、雪、暴风雨或阴霾等天气，海上能见度小于 2 海里时，一般常用的灯光或其他目视信号将失去作用，常用声响进行导航。用于导航的发

▲ 金门大桥的雾景

声设备很多,有雾笛、雾钟、雾哨、雾角等等。在我国的青岛使用的"雾牛"正是声响导航的一种。"雾牛"是20世纪初德国人修建的,实际上是一种电雾笛,其工作原理与我们常见的蒸汽火车头上的汽笛原理是一样的。

在海雾的历史上,曾经发生在达达尼尔海峡上的毒雾封锁至今让人记忆犹新。

1995年2月13日清晨,一股黄色带有刺鼻硫磺味的浓密大雾,笼罩在黑海、马尔马拉海和爱琴海一带,这一带正是欧亚大陆的交界地区,在马尔马拉海的东西两端连系着世界上两大著名海峡:博斯普鲁斯海峡和达达尼尔海峡。这场浓密毒雾的出现,使博斯普鲁斯海峡的北口能见度下降到近乎为零,土耳其不得不暂时关闭海峡,使这条十分繁忙的国际航道陷入瘫痪状态,造成海峡两端各有100多条船舶停泊待命。同时联结马尔马拉海和爱琴海的达达尼尔海峡的通道也被迫关闭,并造成有1000万人口的伊斯坦布尔市的公路和空中交通相继中断,其影响是历史上少见的。

▲ 雾角

"向阳红"16号考察船雾沉东海

1993年5月2日清晨,浙江舟山群岛海域薄雾缭绕,海面像蒙上了一层面纱,能见度极差。一艘3.8万吨的塞浦路斯籍"银角"号货轮违规航行与我国国家海洋局"向阳红"16号海洋科学考察船相撞,致使"向阳红"16号右舷受损而迅速沉没。造成近亿元的经济损失,严重影响了我国向国际有关组织承诺的大洋锰结核的考察任务,3名科考人员因舱门变形无法打开而与船体一起沉没海底。

海啸

▲ 海啸所引起的狂风巨浪，所到之外，无一幸免。

海啸是发生在海洋里的一种可怕的灾难。当海底发生地震、火山爆发或水下塌陷和滑坡时，就会引起海水的巨大波动，产生海啸。海啸时，那高达几十米甚至上百米的海浪，不仅会掀翻海上的船舶，造成人员伤亡，还会破坏沿海陆地上的建筑。

海啸是一种灾难性的海浪，它是由火山爆发、海底地震、水下塌陷和海底发生滑坡等造成的巨浪。在通常情况下，它由震源在海底下 50 千米以内、里氏震级 6.5 以上的海底地震引起。地震发生时，海底地层发生断裂，部分地层出现猛然上升或者下沉，由此造成从海底到海面的整个水层发生剧烈"抖动"。这种"抖动"不同于平常所见到的海浪，它是从海底到海面整个水体的波动，其中所含的能量惊人。在一次震动之后，震荡波在海面上以不断扩大的圆圈，传播到很远的距离，正像卵石掉进浅池里产生的波一样。海啸波长比海洋的最大深度还要大，轨道运动在海底附近也没受多

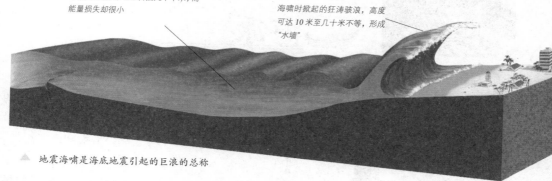

海啸波长很大，可以传播几千千米，而
能量损失却很小

海啸时掀起的狂涛骇浪，高度
可达 10 米至几十米不等，形成
"水墙"

▲ 地震海啸是海底地震引起的巨浪的总称

大阻滞，不管海洋深度如何，波都可以传播过去。当它们与大陆猛烈碰撞时，能吞没海边的港口、城镇乡村和农田。海啸所引起的浪高达数十米，像一堵水墙，冲上陆地，所向披靡，造成生命和财物的重大损失。

如此可怕的海啸实际上是一种具有强大破坏力的海浪，可分为四种类型，即由气象变化引起的风暴潮、火山爆发引起的火山海啸、海底滑坡引起的滑坡海啸和海底地震引起的地震海啸。从受灾现场讲，海啸又可分为遥海啸和本地海啸。

首先，有一种海啸能横越大洋或从很远处传播而来，在没有岛屿群或其他障碍阻挡的情况下，能传播数千千米并且只衰减很少的能量，使数千千米之遥的地方也遭到海啸灾害，这称为遥海啸。1960 年智利发生海啸也曾使数千千米之外的夏威夷、日本遭受严重灾害。

其次为本地海啸。本地海啸从地震或海啸发生源地到受灾的滨海地区相距较近，所以海啸波抵达海岸的时间也较短，有时只有几分钟，多则几十分钟。在这种情况下具有突发性的特点，危害也相当严重。通常，本地海啸发生前，往往有较强的震感或震灾发生。

智利大海啸

　　1960 年 5 月，智利中南部的海底发生了强烈的地震，引发了巨大的海啸，导致数万人死亡和失踪，沿岸的码头全部瘫痪，200 万人无家可归。这是 20 世纪影响范围最大、造成灾难最严重的一次海啸。

一海冰

▲ 1912 年 4 月 15 日，载着 1316 名乘客和 891 名船员的豪华巨轮"泰坦尼克"号与冰山相撞而沉没了。

19 12 年 4 月发生的"泰坦尼克"号客轮撞击冰山后沉没，遭到灭顶之灾，它是 20 世纪海冰造成的最大灾难之一；我国 1969 年渤海特大冰封期间，流冰摧毁了由 15 根 2.2 厘米厚锰钢板制作的直径为 0.85 米、长 41 米、打入海底 28 米深的空心圆筒桩柱全钢结构的"海二井"石油平台，另一个重 500 吨的"海一井"平台支座拉筋全部被海冰割断……由此可见，海冰的破坏力对船舶、海洋工程建筑物带来的灾害是多么严重。

有"白色灾害"之称的海冰，不可避免地成为海洋五种主要灾害之一（其他为风暴潮、灾害海浪、赤潮和海啸）。它是直接由海水冻结而成的咸水冰，亦包括进入海洋中的大陆冰川（冰山和冰岛）、河冰及湖冰。咸水冰是固体冰和卤水（包括一些盐类结晶体）等组成的混合物，其盐度比海水低 2‰ ~ 10‰，物理性质（如密度、比热、溶解度、蒸发潜热、热传导性及膨胀性）不同于淡水冰。它对海洋水文要素的垂直分布、海水运动、海洋热状况及大洋底层水的形成有重要影响；对航运、建港也构成一定威胁。

在这里特别要提出的是冰山。它是由冰川组成，冰川，又是由雪花堆积成的冰川冰组成的。当冰川的冰体受到海水浮力的顶拖断裂后，就形成了冰山。在极地航海家眼里，冰山是最危险的"敌人"，轮船遇到它有时会被迫停驶，一不小心就会发生碰撞事故。

按海冰的形成和发展阶段可以分为：初生冰、尼罗冰、饼冰、初期冰、一年冰和多年冰；按运动状态分为固定冰和漂浮冰。前者与海岸、岛屿或海底冻结在一起，多分布于沿岸或岛屿附近，其宽度可从海岸向外延伸数米至数百千米；后者自由漂浮于海面，随风、浪、海流而漂泊。而漂浮冰又分成两种：海冰和陆冰。海冰由海水冻结而成，陆冰是大陆上的冰破裂后流入海中。海冰的体积不大，而陆冰大得像山，所以称为冰山。

海冰在大自然中扮演了一个相当重要的角色，海冰数量变化，往往会直接影响到地球的气候。假如高纬度地区海洋里漂浮的冰减少了，低纬度的暖流便会北上，或是南下，使得原来的雨区变得干旱起来。海冰还有保持海水温度的功能，有人把海冰比作是"海洋的皮袄"，使海水减少蒸发量，保持海水温度。海冰可以促使海水上下对流，对海洋生物繁殖十分有利，这就是为什么地球两极有那么丰富的浮游生物的环境原因之一。海冰能阻挡潮汐使潮高降低，潮流减慢，把波浪压低，把海流"拖住"。总而言之，海冰是自然环境中不可缺少的组成部分。

罗斯冰架

罗斯冰架是一个巨大的三角形冰筏，几乎塞满了南极洲海岸的一个海湾。它宽约 800 千米，向内陆方向深入约 970 千米，是最大的浮冰，其面积和法国相当。该冰架是英国船长詹姆斯·克拉克·罗斯于 1840 年在一次考察活动中发现的。罗斯冰架像一艘锚泊很松的筏子，正以每天 1.5 ~ 3 米的速度被推到海里。

冰山只有 1/7 露出海面，其余仍在水下。

一 "厄尔尼诺" 现象

▲ 厄尔尼诺引起火灾频繁发生

近年来，各类媒体越来越关注这样一个气候学名词：厄尔尼诺。众多气候现象与灾难都被归结到厄尔尼诺的肆虐上，例如印尼的森林大火、巴西的暴雨、北美的洪水及暴雪、非洲的干旱等等，它几乎成了灾难的代名词。可是厄尔尼诺究竟是什么呢？

简单地讲：厄尔尼诺是热带大气和海洋相互作用的产物，它原是指赤道海面的一种异常增温，现其定义为在全球范围内，海气相互作用下造成的气候异常。由于这种现象经常发生在年末圣诞节前后，所以当地人成为"圣婴"（厄尔尼诺）。厄尔尼诺发生时，由于水温高、浮游生物减少，鱼得不到食物而大量死亡，所以以鱼为食的海鸟也将死亡或迁徙。

厄尔尼诺现象又称厄尔尼诺海流，是太平洋赤道带大范围内海洋和大气相互作用后失去平衡而产生的一种气候现象。它的基本特征是太平洋沿岸的海面水温异常升高，海水水位上涨，并形成一股暖流向南流动。它使原属冷水域的太平洋东部水域变成暖水域，结果引起海啸和暴风骤雨，造成一些地区干旱，另一些地区又降雨过多的异常气候现象。正常情况下，热带太平洋区域的季风洋流是从美洲走向亚洲，使太平洋表面保持温暖，给印尼周围带来热带降雨。但这种模式每过几年便会被打乱一次，使风向和洋流发生逆转，太平洋表层的热流就转而向东走向美洲，随之便带走了热带降雨，出现所谓的"厄尔尼诺现象"。

厄尔尼诺现象总是呈周期性出现的，每隔 2 ~ 7 年出现一次。自 1997 年的 20 年来厄尔尼诺现象分别在 1976 ~ 1977 年、1982 ~ 1983 年、1986 ~ 1987 年、1991 ~ 1993 年和 1994 ~ 1995 年出现过 5 次。1982 ~ 1983 年间出现的厄尔尼诺现象是 20 世纪以来最严重的一次，在全世界造成了大约 1 500 人死亡和 80 亿美元的财产损失。进入 20 世纪 90 年代以后，随着全球变暖，厄尔尼诺现象出现得也越来越频繁。

厄尔尼诺现象所造成的危害后果非常严重。它曾使南部非洲、印尼和澳大利亚遭受过空前未有的旱灾，同时带给秘鲁、厄瓜多尔和美国加州的则是暴雨、洪水和泥石流。有一次厄尔尼诺效应曾造成 500 余人丧生和上亿美元的物质损失。由于厄尔尼诺现象给全球带来巨大的灾难，这种现象已成为当今气象和海洋界研究的重要课题。

> **"拉尼娜"现象**
>
> "拉尼娜"的字面意思是"圣女"，它也被称为"反厄尔尼诺"现象。拉尼娜是赤道附近东太平洋水温反常变化的一种再现现象，其特征恰好与"厄尔尼诺"相反，指的是洋流水温反常下降。拉尼娜与厄尔尼诺现象都已成为预报全球气候异常的最强信号。拉尼娜多数是跟在厄尔尼诺之后出现的，曾有 19 次拉尼娜现象，有 12 次发生在厄尔尼诺年的次年。

▼ 厄尔尼诺引来的洪水淹没了城市

海洋生物

一海洋

▲ 原始海洋中的生命

生命的起源一直是科学家们研究的课题，从现在的研究成果看，普遍认为生命起源于海洋。在讨论生命起源之前，首先要知道什么是生命。简单通俗地说，生命存在的物质基础是蛋白质和核酸，表现生命现象的基本结构和功能的单位则是细胞。按照这个解释，生命的起源过程，首先要研究蛋白质和核酸是怎样产生的，而这一问题与地球最初形成的具体条件有着十分密切的关系。

在原始海洋形成的过程中，它为原始生命的诞生创造了条件。原始海洋不仅阻止了强烈紫外线对原始生命的破坏、杀伤作用，也为原始生命的存在和发展提供了极有利的环境。因此，人们说"海洋是生命的摇篮"是有科学道理的。

一般认为，生命的产生过程大体分为三个阶段：第一阶段是化学演化阶段，主要由简单的有机单分子和有机大分子组成。此时，氨基酸、核苷酸等化合物，在原始的海洋中聚合，逐渐形成较为复杂的有机物。第二阶段为从化学演化到生物演化的过程，在这一过程中，要完成由多个有机大分子聚集成的蛋白质和核酸为基础的多分子的体系，使生命进化达到一个新阶段——完成生物学意义上的生命演化。所以说真正意义的生命，是在原始海洋中实现的。

大约在45亿年前，在火山活动、雷电、太阳紫外线以及高温高压的作用下，海洋里的甲烷、氨气、氢气等无机物被聚合成多种氨基酸（氨基酸是组成蛋白质的最重要的物质），而这多种氨基酸，在常温常压下，可能在局部浓缩，再进一步成蛋白质。蛋白质和其他的多糖类，以及高分子脂类，在一定的条件下就有可能孕育成生命。在1953年的时候，美国的科学家米勒通过实验证实了这个论证。米勒把氨气、氢气、水、一氧化碳放在一个密封的瓶子里面，在瓶子里面两头插上金属棒，通上电源，通过这个类似于闪电的作用，确实在几天之后产生了大量的氨基酸。另外，从化石研究中，也能找到证据。蓝藻出现在古海洋中，可以追溯到30亿年之前。它是一种没有根、茎、叶之分的低等植物。由单细胞或多个细胞连成的丝状体。经过亿万年的演化，现在蓝藻形态与其祖先差不多。

综上所述，海洋是一切生命的摇篮。因为和陆地相比，海洋的变化很小，它没有干旱，温度变化也不大，风雨影响也小，所以原始生命在海洋里更容易生存。

但是随着科学技术的发展，也有人认为生命来自地球之外，是彗星的功劳。因为在彗星里含有大量的有机分子，不仅含有固态的水，还有氨基酸、乙醇、嘌呤、嘧啶等有机化合物，生命有可能在彗星上产生而带到地球上，或者在彗星和陨石撞击地球时，由这些有机分子经过一系列的合成而产生新的生命。只不过这一说法还没有得到确实的论证。

▲ 1953年美国的科学家米勒成功论证了生命的基本结构

达尔文

19世纪英国杰出的生物学家达尔文，找到了生物发展的规律，成为进化论的奠基人，他的《物种起源》对近代生物科学产生了巨大而深远的影响，具有划时代的意义。

海洋食物链

对于海洋生物，无论是种群类，还是它们各自种群的数量，都是非常之大的。到目前为止，谁也无法用确切的数字，阐明海洋有多少个体的生物。不难看出，海洋生物之间关系是何等复杂。那么，有没有什么方法来表达生物种群的关系呢？

如果不加入人类的影响，海洋生物链会保持一个平衡状态的发展

处在食物链底端的浮游生物

处于食物链顶端的虎鲸

非常有趣的是，在海洋中，各种生物种群的食物关系，呈食物金字塔的形式。先是植物、细菌或有机物，然后是食植性动物至各级食肉性动物，这样依次形成摄食者的营养关系，这种关系被称为海洋食物链。有时候它也被称作"营养链"。由于在海洋生物群落中存在着从低级到高级的层级关系，而且物质和能量能够在各个环节进行转换与流动，所以在海洋生态系统中的物质循环和能量流动总是在不断地发生着。

这种金字塔式的食物链底座很大，每上一级都缩小很多：第一级是由数量惊人的海洋浮游植物构成的，是食物链金字塔的最基础部分，通过光合作用生产出碳水化合物和氧

气，是海洋生物生长的物质基础；食物链的第二级是海洋浮游动物，它们以海洋浮游植物为食；第三是摄食浮游动物的海洋动物；第四级则是海洋中的食肉类动物。比如金枪鱼、鲨鱼等，它们处在金字塔的最高层，不过它们的数量也是最少的。这个过程，就是我们时常说的"大鱼吃小鱼，小鱼吃虾米，虾米吃泥土（浮游生物）"的形象概括。

▲ 鲨鱼是仅次于虎鲸的海洋二号霸主，它对整个海洋食物链的平衡有着调整作用。

在海洋中生活着数10万种动物，在这些动物中，除虎鲸和鲨鱼等凶猛的食肉动物之外，绝大多数的鱼类都是"和平共处"，相安无事，因此，海洋动物实际上是地球上种类和数量最多的动物。说起来令人难以置信，地球上最大的动物——鲸类（须鲸），是以海洋中几乎是最小的动物——小鱼和磷虾为食。这看上去似乎有些不合情理，但是，细细研究一下它们之间的特殊关系，又感到这是情理之中的事。在海洋中，磷虾不仅数量巨大，而且聚集在一起密度也很高。它们似乎是按照某种"指令"，聚集成一团又一团，专等须鲸来食用。否则的话，身躯庞大的须鲸，整日在茫茫海洋中，疲于奔命，寻找捕获食物，无论如何是无法填饱肚子的。同样，磷虾以其顽强的生命，特有的繁殖力，建立起最为庞大的密集群体，源源不断为须鲸提供食物。这一切，似乎是经过上帝精心设计安排好的。亿万年来，这种奇特的金字塔式的生物种群间的关系，维系海洋生物种群间的生命存在方式。

海洋食物网

与陆地上食物链相比，海洋中各种生物建立起的食物链是非常有效的。海洋食物链在通常情况下，比陆地食物链具有更多环节。实际上，无论是陆地，还是海洋里，生物之间的食物链并非是那么单纯，而是极为复杂的，正是出于这一点，生物学家赞成使用海洋食物网概念。

无脊椎动物

▲ 海绵

最早在海洋里出现的动物是无脊椎动物。1.3 ~ 5 亿年前，地球上浅海广布，水生动物大发展，成为无脊椎动物的全盛时期。这些水生动物的最大特点，是细胞有了分工从而形成了各种器官。这时的海洋世界热闹非凡。它们最初生活在海洋里，以后又向陆地上的江河湖泊和沼泽过渡，最终发育出气管、肺、翅膀等适应陆上呼吸和飞行的器官，终于登陆上岸繁衍生息，这就为后来陆生脊椎动物的出现开辟了道路。

首先，海绵是最简单的无脊椎动物，由一群无差别的细胞组成。海绵的体壁有内、外两层，海水从它们的身体里通过时，其中的微生物和氧气就被吸收了。大多数海绵具有骨架，有些海绵的骨架由硅构成，且比光缆构造更加完美，可以说是大自然首先"发明"了光缆。

其次，蠕虫也是一大类十分低等的海洋无脊椎动物。它们的身体长而柔软，全身上下没有骨骼。在海洋生物的演化过程中，蠕虫是比较原始的种类。不过它们比更原始的多细胞动物已经有了划时代的进步。那就是，蠕虫的身体已经有了前端和后部的区分。从海洋到陆地，从咸水到淡水到处都有蠕虫的分布。它们的数量不但多，而且还会发光。当年哥伦布第一次接近北美海岸的时候，曾经记录下"海中游动的烛光"。其实，哥伦布看到的是多毛类蠕虫的交配仪式。这种小型蠕虫每年盛夏之夜月圆的时候，会连续几夜游到海面上，像参加集体婚礼一样，举行繁殖的典礼。

三叶虫也是具有代表性的一种无脊椎动物。它是一种已经灭绝了的节肢动物，全身分为头、胸、尾三部分，背甲坚硬，被两条纵向深沟割裂成大致相等的 3 片，所以叫作三叶虫。它们生活在远古海洋中，主要出现在寒武纪，延续到二叠纪末期时灭绝。三叶虫既会游泳，又善于爬行，所以从海底到海面，都在它的势力范围之内。

三叶虫复原图

最后，值得一提的是菊石。它是一种已经灭绝了的软体动物，它们最早出现在古生代泥盆纪初期，繁盛于中生代，广泛分布于世界各地的三叠纪海洋中。

菊石是由鹦鹉螺（现在仍然存活在深海中）演化而来的，与鹦鹉螺的形状相似，体外有一个硬壳，主要成分为碳酸钙，大小差别很大，壳为几厘米或者十几厘米，最小的仅有 1 厘米，最大的比农村的大磨盘还要大。壳的形状也是多种多样，有三角形的、锥形的和旋转形的，等等。旋转形的壳在菊石中占绝大多数。

▲ 现代的鹦鹉螺

▲ 菊石化石

无脊椎动物，动物界中除脊椎动物亚门以外全部门类的通称。它们与脊椎动物的主要区别是：①无脊椎动物的神经系统呈索状，位于消化管的腹面；而脊椎动物为管状，位于消化管的背面。②无脊椎动物的心脏位于消化管的背面；脊椎动物的位于消化管的腹面。③无脊椎动物无骨骼或仅有外骨骼，无真正的内骨骼和脊椎骨；脊椎动物有内骨骼和脊椎骨。

软体动物

▲ 珍珠贝

海洋中的软体动物，俗称海贝。海贝不仅种类繁多，而且分布极广，寒、温、热三个海域，上、中、下三层水深，都有它们的踪迹。尽管海贝的形状各不相同，色彩各异，生活习惯不一，但总的来说，它们的共性是身体柔软不分节，由头、足、内脏、外套膜和贝壳五部分组成。

　　海螺、扇贝、牡蛎、珍珠贝等等，这些生活在海中的贝类，都长着色彩纷呈、形状各异的壳，看上去非常坚硬，事实上，它们都属于软体动物。它们柔软的身体表面有一层外套膜，能产生富含钙质的液体，贝类的外壳就是这样形成的。由于绝大部分海贝都不会游泳，所以它们便经常会攀附在海边的岩石、珊瑚礁上，或是将身体埋进沙中栖息。还有很多贝类贴在海龟、海蟹的壳上，或是贴在海船壁上，随着它们四处漂泊。

　　五彩缤纷、千姿百态的海贝世界是那么地令人向往。例如，形如扇面的扇贝；素有"贝王"之称的砗磲贝；世上稀有之宝玛瑙贝；洁白如玉兰的白玉贝；雪白似银的日月贝；

▲ 扇贝

还有珍珠母贝和珠耳贝、贻贝、沙蛤、花蛤、西施舌、蚶、蛎、米螺、角螺、伞螺等等，不下十余万种。光听这些别致的名字，你就知道它们有多么漂亮。

这其中的扇贝是海中唯一会"游泳"的贝类。遇到敌人时，它会迅速从壳中喷出一股强劲水流，借助水流的反作用力，扇贝能在瞬间逃离危险。过去常常传说有潜水者被巨砗磲蛤捉住的故事，这真是天大的冤枉。尽管巨砗磲蛤强而有力的肌肉将双壳完全合住时，几乎没有人可以将它分开，但是因为它的边缘总是覆盖了厚厚的一层藻类，所以根本无法完全闭合。而且它关闭时的速度非常慢，即使不小心把脚放了进去，也完全来得及从容抽出。此外，还有一种海贝以气体为食，它是生活在墨西哥湾中的贻贝。在贻贝栖息的海底，有大量的油性沉积物，甲烷从这里冒出来。贻贝体内的一种细菌能将甲烷变成能量，贻贝就以此为生，它也因此而被叫作"甲烷贻贝"。

除了海贝以外，还有一种名为海兔的软体动物。海兔是一种与陆地上的兔子相去甚远的海洋软体动物，它们的色彩十分艳丽，身体柔软，软体部分肥厚而扁平。它们能分泌出一种剧毒的化学物质，危急时刻释放出这种带酸味的乳状液体，麻痹天敌的神经系统。当海兔遇见天敌时，还会释放出紫红色的烟幕，迷惑对手，让自己安全逃逸。

现在，你该知道海洋里的软体动物是多么的丰富多彩了吧！

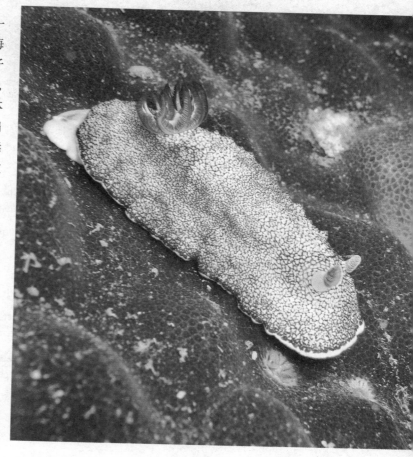

▼ 海兔得名来源于它的外形很像一只兔子。它是生活在浅海的一种贝类。以海藻为食，体色和花纹与栖息环境中的海藻极为相似，这有助于隐蔽自己。

头足类动物

▲ 章鱼不同于乌贼的就是它有 8 条腕足，而乌贼有 10 条腕足。章鱼最喜欢用它最前面的两条腕足，就像我们人类的左、右手一样。

▲ 鹦鹉螺的壳内有用弧状隔板分成的 30 多个小室。小室里贮满空气，可调节空气分量，使身体在海中沉浮。

在无脊椎动物里，体型最大的、游得最快的和头最大的都是头足类动物。远古头足类动物的壳是凸出的，现在缩小了很多。这种海洋动物的共同特点，是由一个管子（体管）连在一起的多室外壳，并且都生活在海洋中。除此以外，头足类动物可用身体和腕的移动，以及身体颜色的变化来互相沟通。它们的皮肤下有很多色素细胞，而色素的分量及分布则由满布于四周的肌肉细胞所控制，使头足动物身体的颜色可以在数秒间变化。

鹦鹉螺是现存最古老、最低等的头足类动物，头足类动物在古生代志留纪地层中的种类特别繁多，达 3 500 余种，它们都有着不同形状的贝壳，但绝大多数种类都已经灭绝了，生存至今的只有鹦鹉螺、大脐鹦鹉螺和阔脐鹦鹉螺 3 种，所以人们称之为"活化石"。

章鱼也是头足类动物。它生活在海底或者藏在岩石的缝隙里，通过 8 只条腕（触角）爬行或者游泳，也可以借助于身体前方的漏斗喷水时的推动力在海底任意行动。此外，章鱼还是一种很聪明的动物。它能在为它专门设置的曲折迷宫里，迅速摸清路径，找到藏着的食物。有人做过试验，把大龙虾放在玻璃瓶中，瓶口用软木塞紧紧塞住。章鱼几经试探，就用触手拔出软木塞，享受新鲜的大龙虾肉。

乌贼又叫墨鱼，是生活在远洋深海里的头足类动物。它的头部有一个漏斗，不仅是生殖、排泄和墨汁的出口，还是重要的运动器官。当它紧缩身体时，口袋状身体里的水就能从漏斗中急速喷出，借助反作用力迅速前进。由于漏斗平时总是指向前方，所以乌贼后退就是前进。除了这些，它还有一套释放烟幕的绝技。乌贼的体内有一个墨囊，其中的墨腺能够分泌墨汁。遇到危险，墨囊收缩，放出墨汁是它欺骗敌人，自己趁机溜之大吉的法宝。还有一些乌贼是动物里最会变色的，通过变色来伪装自己，或者吸引配偶，或者吓退竞争者。

▲ 鱿鱼

鱿鱼与乌贼是亲戚。它的头部两侧有一对发达的眼睛，颈部很短，体内的两片腮是它的呼吸器官。鱿鱼是海洋里的顶级游泳健将，流线型的身体，一侧长有鳍，它通过拍打鳍可以向头部或者尾部的方向移动，还会喷出水来帮助自己更快速地移动。大多数鱿鱼生活在远海，有一些住在深海里。大王乌贼是最大的鱿鱼，体长可达 21 米，甚至更大。它的嘴部能够抓紧钢缆，加上强而有力的触须，很多海洋生物都难逃它的"魔掌"。有时，就连体型巨大的抹香鲸也不放过，但大多数的时候以抹香鲸的胜利而告终。

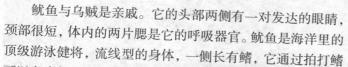

1946 年，挪威一艘长 150 米，载重 1.5 万吨的油轮正行进在从夏威夷群岛至萨摩亚群岛的途中。突然，一只 20 多米长的大王乌贼蹿出水面，迅速追上油轮，绕到前面，用粗大的腕手抱着船身，有几只腕手已伸到甲板上。终因油轮太大，乌贼向船尾滑去，碰在螺旋桨上，受到重伤，才不得不离去。

腔肠动物

▲ 海葵

长寿之葵

　　最近，科学家发现海葵的寿命大大超过海龟、珊瑚等寿命达数百年的物种，是世界上寿命最长的海洋动物。采用放射性同位素碳－14技术对3只采自深海的海葵进行测定，发现它们的年龄竟达到1500～2100岁。

腔肠动物在分类学上属于低等的后生动物，它们全部生活在水中，是构造比较简单的一类多细胞动物。腔肠动物具有两种特殊的细胞，一种叫间细胞，一种叫刺细胞。间细胞可以变化形成其他细胞，如形成肌肉细胞、神经细胞等。刺细胞是一种可以放出刺丝，具有捕杀猎物和防御敌害功能的细胞。由于刺细胞是腔肠动物所特有的，它遍布于体表，触手上特别多，因此腔肠动物又被称作为刺胞动物。

　　腔肠动物的身体由内胚层和外胚层组成，因其由内胚层围成的空腔具有消化和水流循环的功能而得名。腔肠动物是真正的双胚层多细胞动物，在动物进化史上占有重要地位，所有高等的多细胞动物，都被认为是经过这种双胚层结构而进化发展生成的。它只有一个口孔与外界相通，进食与排泄都由这个口进出。常见的腔肠动物有海蜇、海葵、珊瑚等。

海葵一般为单体，没有骨骼，身体呈圆柱形。一端有口，呈裂缝形，周围部分有几圈触手；另一端附着于海中岩石或其他物体上。因为外形似葵花而得名。它利用触手上的刺细胞使鱼麻痹，但海葵鱼常在海葵中间穿梭游动，却丝毫不在乎这一点，因为它们的皮肤可分泌出一种具有保护作用的黏液，使它们在海葵丛中畅通无阻。海葵除了依附在岩礁上，还会依附在寄居蟹的螺壳上。这样寄居蟹四处游荡，会使得原本不动的海葵随之走动，扩大了它的觅食领域。对寄居蟹来说，一则可用海葵来伪装；二则由于海葵能分泌毒液，可杀死寄居蟹的天敌，使得海葵和寄居蟹双方都得到好处。

在海葵间畅游无阻的海葵鱼

海葵虽然能和其他动物和平相处，但也时常为附着地盘、争夺食物与自己的同类进行争斗，常常出现一方把另一方体表上的疣突扫平或把触手拔光的争斗场面。所以，它们同类相残的局面往往很多。

珊瑚的外观像植物，但却是地地道道的动物。

珊瑚是生活在温暖海洋中的一种腔肠动物，它与晶莹透明、在海洋中过着漂泊生活的海蜇以及素有"海底菊花"之称的海葵都是本家。可是，在过去相当长的一段时间里，人们一直把珊瑚看成是植物，称它们为"珊瑚树"，把美丽的珊瑚礁称作一个色彩绚丽的花园。这是由于它的颜色鲜艳明亮，样子又与灌木丛一般，上面甚至还寄居有黑蛎蝲和蜗牛。但实际上它们却是地地道道的动物，与海葵同属腔肠动物中的花虫类。每一年，在死去的珊瑚的尸骸上又会长出新的珊瑚，这样不断循环下去，不久就会形成一大片的珊瑚礁。

尽管珊瑚礁在全球海洋中所占面积不足 0.25%，但有超过 1/4 的已知海洋鱼类却依靠着珊瑚礁生活，它们彼此过着相互依存的生活。

棘皮动物

▲ 大多数海星有 5 条腕，但也有些种类有 40 多条。

在海洋里，有颜色艳丽的海星，有仙人球一般的海胆，也有像百合花一样美丽的"海百合"，美丽的它们都属于棘皮动物。棘皮动物是一种身体表面有许多棘状突起的一类海洋动物。它们的身体不分节，形状多样，有星形、球形、圆筒形或树枝状的分支等。

这里首先要讲的是海星。大多数动物的两侧都是对称分布，即身体左右两侧的器官完全相同。而海星却与众不同，它的身体都是呈放射状，像星星一样，海星即因它的外形而得名。绕着海星身体的中心圆盘，伸展着 5 条或更多的腕，就这样，不同颜色的"五角星"轻伏在海底，看上去格外漂亮。

人们一般都会认为鲨鱼是海洋中凶残的食肉动物。而有谁能想到栖息于海底沙地或礁石上，平时一动不动的海星，却也是食肉动物呢！不过实际上就是这样。由于海星的活动不能像鲨鱼那般灵活、迅猛，故而，它的主要捕食对象是一些行动较迟缓的海洋动物，如贝类、海胆、螃蟹和海葵等。它捕食时常采取缓慢迂徊的策略，慢慢接近猎物，用腕上的管足捉住猎物并将整个身体包住它，将胃袋从口中吐出，利用消化酶让猎获物在其体外溶解并被其吸收。尽管海星是一种凶残的捕食者，但是它们对自己的后代都温柔备至。海星产卵后常竖立起自己的腕，形成一个保护伞，让卵在内孵化，以免被其他动物捕

海星的嘴长在身体底面腕的正中央，而肛门却在身体的上面

食。孵化出的幼体随海水四外漂流，以浮游生物为食，最后成长为海星。

海胆，别名刺锅子、海刺猬，体型呈圆球状，就像一个个带刺的紫色仙人球，因而得了个雅号——"海中刺客"。它也是海洋中的棘皮动物，渔民常把它称为"海底树球""龙宫刺猬"。世界上现存的海胆约有 850 多种，我国沿海约有 150 多种。常见的如马粪海胆、大连紫海胆、心形海胆、刻肋海胆等。

在幽深的海底，生长着这样一种"植物"，形态同百合花那样的美丽，人们叫它"海百合"。不过，它并不像陆地上的百合花一样是植物，它和海葵一样也是十分凶残的动物。因为它的漂亮外表和百合花非常相近，因此人们给它起了个植物的名字。

▲ 海百合

海参是"海百合"的近亲。它的外表呈圆柱状，一般长达 30～40 厘米，前端有口，口旁有 20 只触手，后端有肛门。遇到危急情况时，海参常常把内脏排出体外，自己则趁机溜走。但是经过几个星期的休养生息，一套新的内脏器官又会重新在它的体内形成。海参生活在浅海的海底。全世界约有 500 多种，我国沿海常见的就有 60 余种。由于其中大多数种类都能食用，而且还具有很高的营养价值，所以一直有"海中人参"的称号。

美丽的有柄海百合，固着于较深的海域，伸出的腕好像风车一样，迎着水流捕捉食物，好似那陆生的颗颗葵花。无柄海百合又名"海羊齿"，它既可固着又可靠其腕划动，色彩绮丽，在海中的游泳动作像蝴蝶在翩翩起舞。还有那体大肉厚、红色的梅花参，身上的棘状突起像朵朵盛开的梅花，鲜艳夺目。

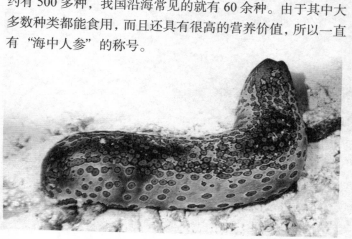

▲ 海参的形状就像一根"黄瓜"，所以它又叫"海黄瓜"。

一 甲壳类动物

▲ 藤壶

我们平常喜爱吃的虾和蟹为什么都有像盔甲一样的外壳呢？原来它们都属于节肢动物里的甲壳纲。这个纲里的生物种类都有分节的身体，身体外面有硬壳，所以它们被称为甲壳类动物。它们的腿一般分节，而且左右成对。腿可以用来走路、游泳、捕食，上面还有鳃，用来呼吸。目前，甲壳类动物大约有4万种，大部分居住在海里。

在这里首先要介绍的就是藤壶。藤壶虽然是甲壳类动物，但是它的成体却既不会游泳，也不会爬行，而是过着固着生活。它是一种附着在海边岩石上的一簇簇灰白色、有石灰质外壳的小动物。由于它的形状有点像马的牙齿，所以生活在海边的人们常叫它"马牙"。藤壶喜欢成群地附着在海岸边潮间带的礁石上，密密麻麻，往往使礁石上变成白花花的一片。它不但能附着在礁石上，而且还能附着在船体上，任凭风吹浪打也冲刷不掉。但是藤壶固着的习性会增加轮船航行的阻力，影响轮船速度，消耗更多的燃料。每年全球消除藤壶的费用就高达百亿美元。

螃蟹是当之无愧的甲壳类动物。它的躯体由头部、胸部和腹部构成，头部常与胸部合称头胸部。螃蟹体外有一层外

▼ 螃蟹

壳用以保护身体，它们大多数生活在水中，以腮或皮肤表面
进行呼吸。蟹的腹部缩藏在胸部下面（雄窄雌宽），通常称
为脐。在热带沿海栖息着一种怪蟹，它的双眼长在长柄顶
端，一旦发现危险，便把眼柄横折入壳前端的凹槽，迅速逃

龙虾

磷虾很小，长仅 4 到 6 厘米，
只有极少数才能长到 1 千克。

入洞穴内。这种蟹雌雄形态各异，雄蟹的大螯一大一小，雌
蟹的两螯一般大小。两只雄招潮蟹常常为争夺雌蟹或洞穴而
发生搏斗，这样的搏斗常会持续到其中一只失去一大螯逃走
为止。

　　各种各样的虾类也属于甲壳类动物。比如说对虾、磷虾
和龙虾。

　　对虾具有超常的深潜能力，它们可以下潜至 6 300 米左
右的深海中，而人类依靠水下呼吸器最深也只能下潜约至
133 米；磷虾很小，长仅 4 ~ 6 厘米，只有极少数才能长到
1 千克。它的外表呈金黄色，体内有微红色的球形发光器。
每当夜晚来临的时候，成群的磷虾在受惊吓而急速逃窜时，
能散发出一种美丽的蓝色磷光，磷虾也因此而得名。在深蓝
的大海里，磷虾就像陆上的"萤火虫"一样绚丽；龙虾是
现知虾类中最大的一类，龙虾体表披一层光滑的坚硬外壳，
体色呈淡青色或淡红色。体长约 40 厘米，体重可达 1 千克
左右。龙虾的头胸甲背面前部有 4 条脊突，居中的两条比较
长和粗，从额角向后伸延；另两条较短小，从眼后棘向后延
伸。这 4 条脊突是该虾与淡水螯虾区别的显著特征。

新的"海洋活化石"

　　科学家在太平洋的一处
珊瑚海里发现了一种类似于
挪威海蛰虫的新甲壳类动
物。它长约 12 厘米，身体
厚实，有红色斑点，头部长
有大大的眼睛。因为该类甲
壳动物已存在 5 000 万年以
上，故科学家们把它称为
"真正的活化石"。

软骨鱼类

▲ 鳐鱼

软骨鱼类是一种古老的鱼类。它的骨骼尚未全部钙化，尤其是脊椎骨，颌和鳍的发育演化相当成功，包括鲨类和鳐类，只是内部骨骼为软骨。在距今 4.5 亿年前的志留纪地层中发现了最早的软骨鱼化石，直到今天仍然有软骨鱼类的存在。

鲨鱼和鳐鱼是现代软骨鱼类动物的主要代表，正像它们的名字所表明的，它们有一副由软骨组成的骨架。软骨是一种充满钙时变硬的柔韧的材料，是像骨一样的固体。软骨鱼在温带和热海洋中大量生长。它们在水中用鳃呼吸，鳃通过头部后面的几个鳃裂直接同外界交流。软骨鱼大约有 550 种，其中 370 种是鲨鱼，其他基本上由身体扁平的鳐鱼和电鳐组成。

与鲨鱼近亲的鳐鱼又名"平鲨"，属于软骨鱼类。鳐鱼身体扁平，生活在热带水域，头和躯体没有界限，周围由胸鳍张开与头侧相连，呈圆形、菱形或扇形。多数种类的鳐鱼，尾巴像鞭子一样细长，没有臀鳍，尾鳍也已经退化，游

泳的时候利用胸鳍做波浪形的运动前进。

除此以外，绝大多数的鱼都有一个充满气体的囊，叫作鳔，它使鱼能够在水中沉降、上浮和保持固定位置。只有鳐鱼和鲨鱼没有这个器官，它们在海水中升降主要依靠鳍，因而它们的鳍十分发达。鳐鱼的鳍内都是软骨，所以可以食用。大众常说的鱼翅，主要来源就是鲨鱼与鳐鱼的鳍和尾。

蝠鲼是鳐鱼中最大的种类，它的身体略呈菱形。尽管蝠鲼有一张50厘米宽的大嘴，可蝠鲼却是一种非常温和的动物。蝠鲼游泳时，扇动着三角形胸鳍，拖着一条硬而细长的尾巴，像在水中飞翔一样。虽然它没有攻击性，但是在受到惊扰的时候，它的力量足以击毁小船。和其他种类的鱼不

鲨鱼是由软骨而不是硬骨构成骨骼的鱼类，称为软骨鱼。软骨鱼大约有700种，几乎全是生活在海水之中的食肉动物。软骨鱼有流线型的身体和成对的鳍。它们的表皮上布满盾状的鳞片，质地相当粗糙。由于它们为流线型，所以游泳速度极快。

同，蝠鲼专吃小型的浮游生物，张开大口，和水一起吞下，滤过海水而食。蝠鲼成鱼的体长可达7米，体重有500千克，可是它能做出一种旋转状的跳跃。随着旋转速度越来越快，蝠鲼迅速上升，跳出海面。蝠鲼一般能跳出水面1.5米，由于它体态十分笨拙，落入水面的声音像开炮一样。至于蝠鲼为什么要跳出水面，至今仍是一个谜。

电鳐则喜欢潜伏在海底泥沙里，饥饿时才从泥沙里钻出来。它觅食时的绝招是游进鱼虾群中频频放电，待对方被麻晕不能游动时，再痛快地饱餐一顿。如果遇到敌人来攻击时，它也会依靠放电进行自卫。

▲ 蝠鲼体型巨大，胸鳍张开时就像一张大毯，因此也被叫做"毯鲼"。

▼ 电鳐攻击敌人时，用头部特殊肌肉可以放出200伏特的电压。

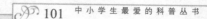

鲨鱼

▲ 大白鲨是最大的食肉鱼类，它有灵敏的嗅觉和尖利的牙齿。它的上颚外沿排列着 26 枚尖牙利齿，一旦前面的任何一枚牙齿脱落，后面的备用牙就会移到前面补充进来。

在浩瀚的海洋里，被称为"海中霸王"的鲨鱼遍布世界各大洋。鲨鱼的种类很多，世界海洋中至少有 350 多种，在中国海就有 70 多种。大部分鲨鱼对人类有利而无害，鲨鱼的确有吃人的恶名，但并非所有的鲨鱼都吃人，只有 30 多种鲨鱼会无缘无故地袭击人类和船只。因此，鲨鱼被人们认为是海洋中最凶猛的动物。

鲨鱼的鼻孔位于头部腹面口的前方，有的具有口鼻沟，连接在鼻口隔之间，嗅囊的褶皱增加了与外界环境的接触面积。鲨鱼鼻子的皮肤小孔布满了对电流非常敏感的神经细胞。海水的温度变化能使鲨鱼鼻子里的胶体产生电流，刺激神经，使它感知到温度的差异。有人测定，1 米长的鲨鱼的嗅膜总面积可达 4 842 平方厘米，因此鲨鱼的嗅觉非常灵敏，在几千米之外它就能闻到血腥味，海中的动物一旦受伤，往往会受到鲨鱼的袭击而丧生。此外，鲨鱼是真正的鱼类，与哺乳类的鲸不同的是，它们是用鳃呼吸。

鲨鱼因种类不同，对食物的喜好也各有不同。槌头鲨特别喜欢吃鱼，虎鲨则喜欢吃海龟，而鲸鲨则喜欢吃一些浮游生物。但是海中的鱼类以及章鱼、乌贼这样的软体动物却是大多数鲨鱼共同的美食。实际上，被称作"鲨王"的鲸鲨一点儿也不凶猛，它只是因为个头最大而得此头衔。一只成年鲸鲨可以长到20多米长，体重相当于4头大象的总和，它可以说是世界上最大的鱼，然而它的性情却非常温顺。更令人难以想象的是，如此庞大的动物却只以海底的贝类为食。巨嘴鲨的口腔内有层奇异的组织能发出亮光，它常常利用这个优势在海洋深处张开巨嘴，令那些向往光亮的浮游生物自投罗网。那些可怜的浮游生物，还不知道自己就要成为巨嘴鲨的"美餐"了呢。

鲨鱼虽然凶猛，面目可憎，但全身都是宝，是重要的经济鱼类。它本身具有极高的经济价值：人们可以用鲨鱼来做菜、制药、提炼维生素；鲨鱼的牙齿可以用来制作武器和装饰品；皮肤可以用来作砂纸；鲨鱼鱼翅也是极富营养的美味佳肴。而这些也成了人类捕杀它们的主要原因。近年来，科学研究发现，从鲨鱼软骨中提取的某些成分可以抑制血管生长因子的活性，诱发内皮细胞自然凋亡，提高血管生长激素的浓度，致使已有的癌细胞无法得到营养供应而"活活饿死"，从而在不伤害人体其他健康细胞的情况下，有效阻止癌细胞的扩散，因而鲨鱼的医疗价值更高了。现在，鲨鱼已经近于灭绝，人类将会为自己的贪婪付出代价的。

在某种意义上讲鲨鱼全身是牙，其体表覆盖的盾鳞构造和牙齿相近，可以称得上皮肤牙齿。鲨鱼的牙齿有几百颗，可以移动，因此鲨鱼不用担心牙齿不够用，因而具有很强的攻击力。

▼ 温顺的"鲸鲨"

海洋里的爬行动物

▲ 蛇颈龙

▼ 沧龙

▲ 鱼龙

爬行动物是第一批真正摆脱对水的依赖而真正征服陆地的脊椎动物，可以适应各种不同的陆地生活环境。爬行动物也是统治陆地时间最长的动物，其主宰地球的中生代也是整个地球生物史上最引人注目的时代，那个时代，爬行动物不仅是陆地上的绝对统治者，还统治着海洋和天空，地球上没有任何一类其他生物有过如此辉煌的历史。

其中，蛇颈龙和鱼龙是所有海生爬行动物中最凶猛的，在侏罗纪和白垩纪时期，它们始终都控制着海洋。蛇颈龙在白垩纪末期灭绝，在其生存的远古时代，它那庞大的体型在海洋世界中称霸一时。蛇颈龙头小颈长，脖颈是身体和尾部长度的两倍，体躯宽扁，体长可达 18 米，四肢呈桨状，牙齿锋利，属于肉食性海洋大型爬行动物。尽管从科学理论上说蛇颈龙早已灭绝，但有人曾怀疑尼斯湖水怪可能就是蛇颈龙的后裔。除此以外，在白垩纪晚期的海洋中，生活着一类最为凶猛的爬行动物——沧龙。它们的头骨很长，在构造上与现代的巨蜥很相似，所以沧龙与巨蜥有较近的亲缘关系，它们是由远古的蜥蜴类进化来的。它具有现代的巨蜥和蛇一样的下颌骨，这个下颌骨不仅能下降得很低，而且还能向两侧打开，使装满的食物不会漏出去。

鱼龙是中生代海洋中生存过的已灭绝的鱼形爬行动物。1821 年，柯尼希认为它们是介于鱼类和爬行类之间的动物，因此创立了鱼龙 这个词。居维叶曾对鱼龙有过较形象的描

述："鱼龙具有海豚的吻，鳄鱼的牙齿，蜥蜴的头和胸骨，鲸一样的四肢，鱼形的脊椎。"同时指出它们也是一类古老的爬行动物。

到了中生代晚期，两栖类动物一部分彻底告别了大海，到陆地上定居，从而进化成爬行类的蛇。还有一部分依恋故乡大海，成了今天的海蛇。海蛇身体呈圆桶状，尾巴扁平，善于游泳，喜欢栖息于大陆架和海岛周围的浅水区，以澳大利亚北部与南洋群岛之间最多。有些种类的海蛇也有在海面上大规模集群的习性。广东沿海地区渔民常见到成千上万条海蛇追捕鱼群的场面。1932 年 5 月 4 日，马六甲海峡出现过壮观的海蛇长阵，宽约 3 米，长达 110 米。在全世界 2 700 多种蛇中，海蛇只有 49 种。

除了海蛇，最著名的就要数"活化石"海龟了。海龟的祖先远在 2 亿多年以前就出现在地球上。古老的海龟和不可一世的恐龙一同经历了一个繁荣昌盛的时期。后来地球几经沧桑巨变，恐龙相继灭绝，海龟也开始衰落。但是，海龟凭借那坚硬的背甲所构成的龟壳的保护战胜了大自然给它们带来的无数次厄运，顽强地生存了下来。海龟步履艰难地走过了 2 亿多年的漫长历史征程，依然一代又一代地生存和繁衍下来，真可谓是名副其实的古老、顽强而珍贵的动物。

▲　海蛇

绿海龟

绿海龟是一种大型的爬行动物，一般情况下，龟壳长 0.7～1 米，体重 90～140千克。也曾经有过龟壳长 1.2米，体重 375 千克的最高纪录。绿海龟整个身体呈褐色或者浅绿色，分布在全球气候温暖的海岸线附近，主要食海草。它们有时会爬到岸上去晒太阳，这一点和其他海龟不一样。

▼　海龟

海洋里的哺乳动物

▼ 海狮

热血的、胎生的、以母乳哺育幼兽的海洋动物叫做海洋哺乳动物，也可以称它们为海洋中的野生兽类。

一般而言，哺乳动物十分适合在陆地上生活，陆地是它们的乐园，可也有一些哺乳类是适于海栖环境的特殊类群，如鲸、海獭、海狮、海豹、海牛等。它们已经适应了海洋生活，一般拥有纺锤型或流线型的体型，但仍然是恒温动物，用肺呼吸，保留着哺乳动物的特征。

海豹和海狮、海象共同的生活特点是：它们一般在海洋中生活，以鱼类为食。不过也有的时候会到岸边来休息，抚养子女；它们都有流线型的身体，皮下有厚厚的脂肪用来抵御寒冷的海水；所有的鳍状肢在水中都可以当作桨来使用。其中，海狮和海狗还是近亲呢。它们和海豹的区别为：海狮及海狗的鳍状后肢可朝向前方，所以能够在陆地上行走，而海豹则不能。此外，有如小指头般的耳朵也是海豹所欠缺的特征。

事实上，海狮可以称得上为"记忆大师"。美国海洋生物学家科琳·卡什佳克和罗纳德·舒特曼，1991年曾对一头名叫"里奥"的雌性海狮进行了较为复杂的字母和数字的记忆测试，10年后，他们惊奇地发现，在没有任何提示的情况下，这头海狮能利用它超常的记忆力轻而易举地对付这些"小把戏"。还有一件特别有趣的事就是，美国特种部队中一头训练有素的海狮，曾在1分钟内将沉入海底的火箭取上来，而人们只要给它一点乌贼和鱼作"报酬"，它就高兴地满足了。

海象顾名思义，即海中的大象，在太平洋、大西洋都有它的踪影。它的躯体巨大而形状丑陋，皮肤粗糙而多皱纹，眼睛细眯，犬齿突出口外。海象可是海洋中的游泳健将呢，它在水中的表现比陆地上灵敏得多。为了适应海洋生活，海象还有变换体色的本领呢。

海獭是大约 1 万年前才入海的"新"成员，小而圆的头上，长有非常明显的胡须，小耳朵藏在毛里，样子看上去就像一只大老鼠。海獭一天当中约有一半的时间在整理皮毛。通过梳理，既能保持毛皮整洁，又能促进皮脂腺分泌，使毛皮在水中形成一个隔热屏障。此外海獭还会使用工具，经常从海底捞取石块放在胸部做砧，在上边敲碎贻贝的硬壳后取食。

▲ 海象

北极海域海洋哺乳动物在历史上曾经有过一段悲惨的经历。例如丑陋然而温顺的北极海象，雄性体重可达 1 360 千克，它们常常数十头甚至数百头一起聚集在海滩上鼾声大作，高枕无忧。由于它们的长牙可做牙雕工艺品，肉可食用，皮可制革，所以成为人们捕猎的对象。200 年来，它们的数量从 50 万头下降到濒临灭绝的边缘。从 20 世纪 70 年代起，由于人们普遍采取保护措施，才使其得以继续繁衍。

海牛的外形与儒艮（别名美人鱼）相似，身体呈纺锤型。它与儒艮的区别在于尾部形状的不同：海牛的尾巴呈扇形，而儒艮的尾巴是扁平分叉的。海牛习惯昼伏夜出，白天在深海睡觉，晚上出外觅食。它是海洋中唯一食草的哺乳动物，食量大得惊人，因为它每天吃水草的重量相当于自身体重的 5% ~ 10% 呢。不过你不用担心它会消化不良！它的肠子长达 30 米，有利于慢慢地消化和吸收所吃的食物。有趣的是，海牛吃草时像卷地毯一般，一片一片吃过去，可真是名副其实的水中"除草机"。

▼ 海牛

鲸

▲ 蓝鲸是海洋里最大的生物，它的舌头重达4吨，胃里可容纳2吨重的磷虾，它的心脏和一辆大众牌甲壳虫轿车一般大。

生活在海洋中的鲸是地球上最大的动物，海水支撑着它们硕大的身体。从外形上看，鲸与鱼类没有本质区别，平时像鱼一样依靠强有力的尾巴游动。但它们用肺呼吸，在头顶部有一个出气孔，是恒温哺乳动物。

全世界有90多种鲸，总体分为两大类：第一类是须鲸类，如长须鲸、蓝鲸、座头鲸、灰鲸等。第二类是齿鲸类，它们长有牙齿，没有鲸须，有一个鼻孔，能发出超声波，并有回声定位能力，如抹香鲸、逆戟鲸、虎鲸等。

在鲸的众多种类中，最大的一种叫蓝鲸，长达30多米，重达160多吨，每天要吃2吨食物。因此说，蓝鲸是地球上最大的动物。海豚也是鲸类家族的一员，是一种小型的鲸。它们生有长鼻子，嘴里长着近200颗细小的牙齿；它们还有着流线型的身体，游泳时只需上下摆动水平的尾鳍，便能把身体推向前；如果要转弯、平衡或把身体伸出水面，就用其他的鳍来掌控。海豚一般生活在深海，但也有少数在海岸线附近活动。

▼ 海豚也是一种小型鲸，它是一种非常聪明的动物，是人类的好朋友。

不可思议的是，海豚竟是大海里的"救生员"和"警察"。有时它们将落水者驮到岸边，有时它们成群地驱赶凶猛的鲨鱼，不辞辛苦地保护遇难者。据此，有科学家认为：脑体比重往往决定智商高低，人脑重占体重的

2.1%左右，海豚大约占1.17%，黑猩猩差不多占0.7%。因此，可以说在聪明智慧方面它是与人类最为接近的海洋动物。

　　杀人鲸也叫虎鲸，生性胆大而狡猾，凶残而贪婪。它们拥有锋利无比的牙齿、快速准确的追捕本领、集体捕食共享美餐的猎捕方案，使得海洋中小到鱼虾海鸟，大到鲨鱼海象甚至

▲ 虎鲸经过驯养，还能为人们表演精彩的节目呢。

鲸鱼都成为它们猎食的对象。虎鲸的胃很大，1862年，一个名叫埃斯里特的人，从一头虎鲸的胃中发现了13头海豚和14只海豹。虎鲸还对其他鲸的唇和舌头情有独钟，有时候，它们还会跟随捕鲸船，趁火打劫，钻到死鲸口中，将鲸的唇、舌掠食一空。

　　抹香鲸是体型最大的齿鲸。它脑中的鲸油能控制浮力，还能控制在深海潜水时的呼吸情况。它的体长通常在20米左右，仅头部就占去了一半。抹香鲸是群居性动物，它们用口哨声和"咔哒"声来交流。从额头的喷气孔处，抹香鲸可以喷出一股夹杂着泡沫的巨大水柱。

　　如此庞大的鲸类家族，却有无数难解的谜团。其中鲸类的自杀之谜至今无人能解。鲸类自杀的惨剧在世界上发生过很多次，规模最大的一次发生在1946年10月10日，835头拟虎鲸冲上阿根廷马德普拉塔海滨浴场的海滩后，相继死去。对于鲸搁浅的原因，有这么几种观点：科学家发现，鲸的视力很差，全靠在水中发出超声波，利用超声波来判断方向。有人认为众多寄生虫钻穴而居，对鲸的大脑造成了巨大的损伤，大大降低了它们接受回波的能力，从而造成搁浅。也有人认为声呐干扰也是导致鲸群搁浅的祸首之一。此外，还有气候异常、海洋污染、地磁异变等一些说法。然而，无论结果如何，我们应该尽最大的努力，爱护这些美丽的生灵，构建我们和谐的地球家园。

白鲸的遭遇

　　白鲸生活在北极圈内，以食鱼为主，与同样生活在北极地区的一角鲸是近亲。自17世纪以来，由于捕鲸者的捕杀，白鲸数量在锐减。更加可悲的是，由于生态环境遭到毁灭性的破坏，白鲸患上了胃溃疡穿孔、肝炎、肺脓肿等疾病，一批批相继死去。

海洋植物

△ 海洋植物不仅是许多海洋生物的生活乐园，而且是人类巨大工业原料的来源。

浮游植物

浮游植物有的像车轮，有的像小箱子，有的像糖葫芦，有的像打开后又翻过来的降落伞……它们能直接吸收海水中溶解的无机物，所以没必要像陆地上的植物那样需要把根扎在泥土里。

在辽阔而富饶的海洋里，除了生活着形形色色的动物之外，还有种类繁多、千姿百态的海洋植物。海洋植物有两大类：浮游植物和底栖植物。海洋植物是自然界所有植物的祖先，它是由单细胞藻类逐步进化而成的。无论是人们爱吃的海带、裙带菜和紫菜，还是用作工业原料的硅藻，都显示了海洋植物巨大的经济价值。作为海洋鱼、虾、蟹、贝、海兽等动物的天然"牧场"，海洋植物和它们一起构成了多彩的海洋生命世界。

藻类是原始的低等植物，其种类繁多、形态万千，是海洋植物的主体。海藻不开花，不结种子，以孢子繁殖后代。在海洋藻类中，常见的有硅藻、蓝藻、绿藻、褐藻、红褐藻等。目前可用作食品的海洋藻类有100多种。

红藻在海洋中分布很广，主要有紫菜、石花菜、海人草、软骨藻、江篱、海萝、麒麟菜等。红藻的药用主要是它的提取物琼胶囊，这是一种用途很广的新试剂。

紫菜就是一种味道鲜美、营养丰富的食用海藻，其蛋白质、无机盐和各种维生素的含量高达 29%~ 35%；它还含有 10%~ 15%的硅胶，硅胶含量仅次于石花菜和琼胶原藻。此外，紫菜的含碘量仅次于海带和裙带菜，每 100 克紫菜中含有 7.452 微克的碘。紫菜有较高的药用价值，因其富含碘，故对治疗甲状腺肿大有一定的疗效。常食用紫菜还能降低血清中的胆固醇含量，对软化血管和降低血压也有很好的疗效，是不可多得的营养保健食品，有"神仙菜""长寿菜"的美称呢。

▲ 红藻

大型马尾藻属褐藻类，除了提取褐藻胶用作工业原料外，也是重要的药用原料。褐藻内含有丰富的碘，对治疗俗称粗脖子病的甲状腺肥大症特别有效；褐藻含有多种氨基酸，对降压有明显作用；褐藻内含有甘露醇，是临床注射中常用的渗透性利尿剂。此外，褐藻的提纯物有抗癌作用，能有效防止放射性锶的污染，并可用于止血等。

▼ 海边的红树植物

海草是一类生活在温带海域沿岸浅水中的单子叶草本植物。它常在沿海潮下带形成广大的海草场，是小虾、幼鱼良好的生长场所，也是海鸟的栖息地。此外，还有红树植物等，红树植物是一类生长在热带海洋潮间带的木本植物群落。例如红树、秋茄树、红茄冬、海莲等。当退潮以后，红树植物在海边形成一片绿油油的"海上林地"，也有人称之为"碧海绿洲"。它们主要生长在热带地区的隐蔽海岸，常在有海水渗透的河口、泻湖或有泥沙覆盖的珊瑚礁上。

因此，海洋植物不仅仅是海洋世界的"肥沃草原"，更是人类世界的一大自然财富。

一 海鸟

▼ 海鸥

　　在辽阔的海洋上空，飞翔着各种各样的海鸟，它们有的常居海岛，有的嬉水站立潮头，有的追波逐浪随船飞行……这个情景看起来是那么美，令人向往。

　　可是一提起海鸟，人们往往会想到海鸥、海燕和信天翁。其实，海鸟的种类很多。人们习惯把海鸟分为两大类：一类被称作为大洋性海鸟，如信天翁。这种鸟在远离大陆的大洋上空生活，除繁殖期外，几年可以不着陆；另一类为海岸性海鸟，如海鸥、军舰鸟，这种鸟白天出海觅食，天黑返回陆地过夜。

　　海鸥是最常见的海鸟，在海边、海港，在盛产鱼虾的渔场上，成群的海鸥欢腾雀跃。海鸥除以鱼虾、蟹、贝为食外，还爱拣食船上人们抛弃的残羹剩饭，故海鸥又有"海港清洁工"的绰号。在港口、码头、海湾、轮船周围它们几乎是常客。在航船的线上，也会有海鸥尾随跟踪，就是在落潮的海滩上漫步，也会惊起一群群鸥鸟。唐代大诗人李白诗曰"众鸟集荣柯"，海鸥当然也喜欢群集于食物丰盛的海域。因此，哪里发现有大群海鸥，哪里的水域必然充满着生命。

　　漫游信天翁是南极地区最大的飞鸟，也是世界飞鸟之王。它身披洁白色羽毛，尾端和翼尖带有黑色斑纹，躯体呈流线型，展翅飞翔时，翅端间距可达 3.6 米。它日行千里，习以为常，连飞数日，毫不倦怠，甚至绕极飞行，也锐气不

减。漫游信天翁不仅是飞行冠军，还是空中滑翔的能手，它可以连续几小时不扇动翅膀，仅凭借气流的作用，一个劲地滑翔，显得十分自在。

军舰鸟生活在热带和亚热带海域。它们有一对强有力的翅膀，具有高超的飞翔本领，能在高空翻滚盘旋，也能快速直线俯冲。正因为如此，它常在空中袭击那些叼着猎物的海鸟。

海鹦是世界上潜水本领最强的鸟类。在捕鱼时，它轻松自如地潜入 30 ~ 60 米，甚至 200 米深的海水中，直到捕捉到的鱼儿足以填满它那宽大的嘴巴时才浮出海面。它生长在北大西洋，天生喜欢群居。它的长相很有特色，有一张大嘴

▲ 繁殖期，雄性军舰鸟的喉咙会膨胀变得鲜红，以此来引起雌鸟的注意力。

巴，呈三角形，带有一条深沟，背部的羽毛呈黑色，腹部呈白色，脚呈橘红色。面部颜色鲜艳，就像鹦鹉那样美丽可爱，因此，人们称它为海鹦。可是走到近处一看，它有一副一本正经的严肃面孔。它那宽大而鲜艳的喙带有灰蓝、黄和红 3 种颜色，配上两颊的灰白色，让人不免联想起马戏团中的小丑，可称为鸟类的笑星。所以有人给海鹦起个"酒渣鼻子"的绰号。

总之，碧海群鱼跃，蓝天鸥鸟飞，海鸟不仅使富饶的海洋充满勃勃生机，同时也构成了海上一道亮丽的风景线。

▲ 海鹦是超强的捕鱼能手，不仅如此，它每次最少能衔住 10 条细长条的海鱼。

企鹅

提起企鹅你会想到什么呢？黑色的背部羽毛，白色的腹部，不紧不慢、摇摇晃晃的步伐，看上去就像一个个身穿燕尾服的绅士，是那么的有风度和有条不紊。

企鹅是地球上数一数二可爱的动物。它通常被当作是南极的象征，约有1亿多只企鹅生活在冰雪覆盖的南极，占世界海鸟总数的1/10，沿岸的岛屿上都有它们的踪迹。世界上总共有17种企鹅，它们全分布在南半球；南极与亚南极地区约有8种，其中在南极大陆海岸繁殖的有2种，其他则在南极大陆海岸与亚南极之间的岛屿。企鹅常以极大数目的族群出现，占有南极地区85%的海鸟数量。

企鹅分布的地区之广，可以说是任何鸟类都无法与之相比的，从南极冰原到福尔克兰兹的绿色牧场；从郁郁葱葱的新西兰海湾到长满仙人掌的加拉帕戈斯群岛，到处都有它们的踪迹。它们在零下25℃的严寒能够生活，在38℃的亚热带地区也能适应，世界上没有任何鸟类能够分布在如此广泛的气温带。动物学家曾经考证过企鹅的"家史"，证明企鹅原来是最老的一种游禽。据推测，由于南半球陆地少，海面宽阔，充沛的食源为企鹅的安家落户提供了良好的条件。企鹅可能在南极未穿上冰甲之前，就已经来这儿定居了。

▲ 企鹅是南极的土著"居民"，是南极的象征。

企鹅本身有其独特的结构：企鹅羽毛密度比同一体型的鸟类大三至四倍，羽毛的作用是调节体温。虽然企鹅双脚基本上与其他飞行鸟类差不多，但它们却不会飞行。企鹅的角膜（眼球前部的透明体）扁平，水下视力极佳，但一到陆地上却成了名副其实的"近视眼"。

企鹅产卵前的求偶仪式短暂而有趣。雄企鹅扭动笨拙的身体摇摇晃晃地起舞，在博得了对方的欢心之后，它们便收集小石子开始筑巢。在岸边生活的阿德莱企鹅的数量多达100多万对，它们一旦结为夫妻，彼此便恪守海誓山盟的诺言，相敬如宾。第二年，它们会在前一年相同的地方寻找对方。当然企鹅间有时也有不愉快的事情发生，比方说"偷窃""吵架""离婚"等现象，但总的来说它们还是极有合作精神的。小企鹅出生后，为了抵抗南极洲冬季最低气温达零下 88.3℃ 的恶劣天气，它们会常常躲在妈妈温暖的怀中来保持体温。等到它们长大后，就能像爸爸妈妈一样，忍受零下近百度的严寒天气了。

怎么样？美丽的企鹅是不是既有趣，又可爱呢？人们把它们称为南极的象征，当之无愧。

帽带企鹅

帽带企鹅最明显的特征是脖子底下有一道黑色条纹，像海军军官的帽带，显得威武、刚毅。也有人称之为"警官企鹅"。

▼ 麦哲伦企鹅是生活在南美洲海岸的一种温带企鹅。它们是航海家麦哲伦在1519年环南美洲大陆航行时首次发现它们的。

人与海洋

海上交通

▲ 大航海时代的帆船复制品

当我们在乘船航行或在岸边看到大海上、江河里、湖泊中缓缓驶来形形色色的船舶时，会浮想联翩，感慨不已。这时，我们不禁要提出一个问题：船是谁发明的，最早的船是什么时候出现的呢？

回答这个问题需要从人类社会的发展谈起。由于人类祖先大都聚居在自然条件比较优越的河流、湖泊边缘，生活的需要使人们迫切要求有一种水上工具来征服江河湖海。后来通过实践，人们发现：在洪水中有的人抓住漂浮的断木，就可以幸免于难；树木和芦苇，可以帮助人体安全地渡过河流。之后，人们逐渐有意识地利用漂浮的天然物体，制作了类似于筏或船的水上交通工具。

到目前，船是人类最重要的交通工具之一，也是人类征服自然的伟大创造。在某种程度上说，船承载了早期的人类文明。与此同时，船的历史几乎伴随着人类的历史，经历了相当漫长的过程。船的起源国尚无定论，但早在公元前 6 000 年，人类就已经开始在水上活动了。

首先，中国是世界上最早制造出独木舟的国家之一，并利用独木舟和桨渡海。独木舟就是把原木凿空，人坐在上面的最简单的船，是由筏演变而来的。但制造独木舟需要较先进的生产工具，制造技术比筏要难得多，其本身的性能也比筏先进得多，它已经具备了船的雏形。

帆船是继舟、筏之后的一种古老的水上交通工具，已有 5 000 多年的历史，它主要靠帆借助风力航行，靠桨、橹和篙作为无风时推进和靠泊与启航的手段。进入 20 世纪，内燃机广泛应用于船上，出现机帆船。为节省燃料，许多国家又在研究和应用帆船运输。

19世纪，钢材应用到了蒸汽机船上，传统的帆船被取代了。1858年，英国的布鲁内尔设计的一艘长231米、重19 000吨，并有两个巨大桨轮和24只螺旋推动器连接的蒸汽引擎船——"大东方"号出现在泰晤士河畔。

伴随着航海技术的发展，远洋航行的轮船出现了。它不仅让人们征服跨距离的海洋，像海上探险、开采海底石油等一系列活动，也都靠轮船这一工具帮助人类得以实现。然而正是由于这些海洋资源的驱使又促成了人类更为前沿的发明。

如今在水面或水中活动着一些具有作战或保障勤务所需的战术技术性能的军用船只，它们是海军的主要装备。它们用于海上机动作战，进行战略核突击，保护己方或破坏敌方的海上交通线，进行封锁反封锁，支援登陆抗登陆等战斗行动；它们还执行海上侦察、救生、工程、测量、调查、运输、补给、修理、医疗、训练、试验等保障勤务。总之，随着时代和技术的发展，船的功能将会更加的健全，它在海上交通中的作用也会更加重要。

扬帆远航

航海大发现的时代，也使船成为人类探索世界的工具。还有两种船发挥了作用，它们分别是船身轻而容易操纵的两桅帆船和笨重的三桅帆船。这两种船使欧洲人，尤其是西班牙人开拓了美洲这个欧洲人以前不知道的新地域。

▼ 航空母舰是世界上最大的军舰，是海上的作战平台，它除少量自卫武器外，所运载的各种军用飞机就是它的武器。它是现代海军水面战斗舰艇中最大，也是作战能力最强的舰种。

一 海港

海洋运输中，港口是船舶停泊、中转和装卸货物的场所。港口有齐全的配套设施，如码头、装卸设备等，还要有高效的运作服务。港口与港口之间，通过发达的海上航线相联系。下面我们来介绍一些中外著名大港的发展情况。

荷兰的鹿特丹港是世界第一大港。鹿特丹在荷兰并非第一大城市，但它保持的港口年吞吐量超过 5 亿吨的记录却使它当之无愧地居世界第一大港的地位。它的港区水域深广，内河航船可通行无阻，外港深水码头可停泊巨型货轮和超级油轮。鹿特丹港共分 7 个港区，40多个港池，码头岸线总长 37 千米，可以停靠54.5 万吨级的特大油轮。这里的起重设备应有尽有，大小作业船只500 余艘。船只进入鹿特丹港，从来就不存在等泊位和等货物的问题。此外，鹿特丹港有着现代化的港口设施，同时，港口调度指挥也是依靠了先进的设备和科学的方法。总之，它对西欧以及荷兰的经济发展起着举足轻重的作用。

纽约港，也叫新泽西港，是世界上最大的天然深水港之一，同时也是美国最大的港口。位于美国东北部哈得孙河河口，东临大西洋，于 1614 年由荷兰人开始建设。由于地理条件优越，截至 1800 年便成为美国最大港口，1980 年吞吐量达 1.6 亿吨，多年来都在 1 亿吨以上，每年平均有 4 000

多艘船舶进出。

上海港在我国有着举足轻重的地位，起着促进上海、长江三角洲地区、华东各省市以及长江流域国民经济发展的重要作用。它位于黄浦江与苏州河的交汇处，以黄浦江为天然航道，黄浦江横穿上海市。它是中国最大的港口，居全国南北沿海航线的中枢，也是中国内河、海运及国际贸易的枢纽港，其吞吐量居全国首位。现在，上海港已成为全国性的多功能枢纽港、中国大陆沿海最大的港口，是我国重要的水上客运枢纽和主要外贸港口之一，也是中国大陆完成集装箱装卸量最多的港口，是全国最大的卸煤港。

▲ 上海港是我国大陆第一大港。上海进出物资总量的 60% 和上海口岸外贸进出口物资的 99% 都通过上海港。此外，它还承担着一部分国内中转货物。

香港是一座美丽的港口城市，素有"东方明珠"的美称。这里蓝天碧海，山峦秀丽，港口地理位置优越，是少有的天然良港，其中最著名的是维多利亚港湾。它地处香港岛与九龙半岛之间，这里港阔水深，自然条件得天独厚。水域总面积达 59 平方千米，宽度从 1.2 千米到 9.6 千米不等，可以同时停泊 50 艘巨轮。港区水深大，平均水深为 12.2 米，万吨级的远洋巨轮可以全天候进出港口。此外，香港港口的助航设施以及港口通信设备也是十分先进和完备的。它现在已成为世界上名列前茅的集装箱港。1997 年 7 月 1 日，香港又重新回到了祖国的怀抱，香港人正在用自己的双手建设更加美好的香港，相信香港港将会迎来更加辉煌的明天。

海洋运输

国际贸易需要海洋运输来支持，海港就成了商品运输的枢纽。我国是个贸易大国，港口也很多。改革开放以来，扩建和新建了许多海港，比较有名的海港城市有上海、青岛、大连、宁波、厦门、天津等。

跨海大桥

▲ 交通运输在日本经济中占有极为重要的地位，因此日本投巨资兴建了许多跨海大桥。其中的日本濑户内海大桥是目前世界上主跨最大的斜拉桥。

桥是一种很早的建筑，最开始建在陆地上，后来建造在水面上。跨海大桥是 20 世纪初开始出现的，是海上交通的重要组成部分。它飞架于海峡之上，海湾之间，打开了大陆与海岛、海岛与海岛之间的海上通道，成为一种全新的交通运输方式。

目前，世界上较大的跨海大桥已达 30 多座。位于波斯湾上的巴林——沙特阿拉伯跨海大桥全长 25 千米，是当今世界上最长的跨海大桥。在澳大利亚悉尼的杰克逊海港，有一座号称世界第一单孔拱桥的宏伟大桥，这就是著名的悉尼海港大桥。悉尼海港大桥是悉尼早期的代表建筑，它像一道横贯海湾的长虹，巍峨俊秀，气势磅礴，与举世闻名的悉尼歌剧院隔海相望，成为悉尼的象征。

日本濑户内海大桥，跨海距离 9.6 千米，把本州与四国连接起来。早在 1942 年，日本已建成连接本州和九州的关门海底隧道（本州的下关至九州的门司），加上青函隧道，日本四大岛的陆路交通已经连为一体。

意大利墨西拿大桥把状似皮靴的本土与状似足球的西西里岛连为一体。土耳其伊斯坦布尔市博斯普鲁斯海峡大桥，跨度虽然只有 1560 米，但它却是一座架在欧、亚两大洲上的洲际桥梁。

美国旧金山市的金门大桥，它不但工程雄伟、建造较早，也是最为闻名的一座跨海桥梁。由于此桥横跨旧金山湾湾口，而湾口是船舶进出海港的门户，旧金山湾湾口就是当年航海进入美国的金门，所以称之为金门大桥。它建成于1937年，桥长2000余米，两个主桥墩之间跨距1200多米，二主桥墩桥塔高耸入云，达200米长的钢绳，通过桥塔斜拉着桥面，桥面高出水面100多米。钢铁桥体油漆成橘红色，在著名的旧金山云雾中若隐若现，变幻莫测，十分壮观，成为当地人引以为荣的美景。

随着我国经济实力的增强和海洋工程技术的进步，我国在近10～20年内在沿海地区兴建许多巨大的海洋工程。有广东省南澳岛跨海大桥，跨海宽度8.3千米；浙江舟山朱家尖大桥，跨海宽度2.4千米，把朱家尖岛与舟山本岛连接起来；福建省东山岛跨海大桥，取代原有的八尺门海堤，恢复原有生态环境，以利于水产养殖。此外，还有广东省珠海——香港大桥等等。

总之，巨大海洋工程的修建，将成为我国21世纪前期海洋开发的重要标志之一。

即将开工的东海大桥工程是我国第一座真正意义上的跨海大桥。目前，世界上在外海已经建成的跨海大桥最长的也只有20余千米，而东海大桥建设总长32.5千米，是名副其实的"世界之桥"。

▼ 美国旧金山市的金门大桥

海底隧道

▲ 英吉利海峡隧道

海底隧道是利用发达的科学技术，在海底铺设的地下通道。它是连接陆地之间的"地下通途"，是供车辆、行人通行的交流通道。海底隧道不占地，不妨碍航行，不影响生态环境，是一种非常安全的全天候的海峡通道。目前，全世界已建成和计划建设的海底隧道有 20 多条，主要分布在日本、美国、西欧、中国的香港九龙等地区。

海底隧道的施工方法有两种，一种是在海底的地下，采用钻机在海床上钻洞；另一种是沉埋管道，即将预制好的钢筋水泥管道敷设于海底，用特制的钢架将其固定在海床上。还有人提出悬浮式设想，即利用阿基米德原理，把特制的管道悬浮在海中加以固定。现代海底隧道的开凿，使用巨型掘岩钻机，从两端同时掘进。掘岩机的铲头坚硬而锋利，无坚不摧。钻孔直径与隧道设计直径相当，每掘进数 10 厘米，立即加工隧道内壁，一气呵成。

从工程规模和现代化程度上看，当今世界最有代表性的跨海隧道工程，莫过于英法隧道和青函隧道。英法隧道横贯多佛尔海峡，从英国的福克斯通到法国的桑加特，把英伦三岛与欧洲大陆连接起来。隧道由两股火车隧道和一股工作隧道构成，全长 53 千米，海底部分 37 千米。

日本的青函隧道是当今世界上最长的海底隧道。它南起青森县今别町滨名，北至北海道知内町汤里，全长 53.85 千米，其中有 23.3 千米在海底，主隧道直径 11 米，高 9 米。铺设铁路线两条，另外还有两条后勤供应辅助隧道。高速火车 13 分钟就可通过隧道。今天的青函隧道成了贯穿日本南北的大动脉，北海道与本州之间的交通不再受恶劣气候影响，运输能力也大大提高。日本首都东京与北海道首府之间的直快列车从而缩短了 6 小时。一旦爆发战争，它又是一条难以切断的海底运输线。青函隧道于 1964 年正式开工，1987 年通车，共消耗钢材 16.8 万吨，水泥 79 万吨，总投资数十亿美元，参加工程累计人数 1 100 多万人，每千米造价 7 000 万美元。

英吉利海峡海底隧道是在 20 世纪建设的一条穿过英吉利海峡的海底隧道，由英国、法国共同出资兴建。隧道在英国多佛尔市附近的权里顿和法国加来市附近的弗雷顿之间的海底穿过。英吉利海峡海底隧道由三部分组成：两条高速铁路隧道和一条维修服务隧道。海底隧道全长 53 千米，其中 38 千米长的隧道在 40 米的岩层中穿过。往来于英、法两国的专用隧道列车——"欧洲之星"以时速 130 千米的速度在隧道里穿行，24 分钟可通过隧道。

还有一种特殊的运输方式，即海底管道运输，在海洋空间开发利用中也很常见。海底管道主要用途是把海底开采的油气资源通过管道输送到陆地，或者是滨海城市和临海工厂通过管道把污水排入海中，也有淡水输送管道等。目前，我国的海底管道工程正在蓬勃发展中。

▲ 隧道列车——"欧洲之星"

我国香港特别行政区，有三条海底隧道，越过维多利亚海峡，把港岛与九龙半岛连接起来。

海上导航

▲ 灯塔是最重要的导航标志。以前的灯塔以柴火为光源。现代灯塔无论在建材、样式还是导航器上，都有了很大的改善。美国一些灯塔都改用遥感装置。

对于在漫无边际的大海中航行的人们来说，正确地引导船只沿一定航线从出发地驶向目的地，是一件非常重要的事情。通常为了保障航行安全，大海上设置了各种各样的航行标志，如浮标可以标出深水航道，灯塔可以在夜间帮助船只定位。近年来，无线电导航与 GPS 卫星导航逐渐在航运中占据了重要地位。即使有这么多措施来保证海上航行安全，海难这个可怕的恶魔还是会不时地发生。

大约在公元前 1 世纪，磁铁矿石的指向特性最先为中国人所知，他们将磁铁矿石按北斗七星形状做成勺子状，放在一个光滑的铜盘上指示北极。这种被称为"指南针"的发明为早期航海者们提供了最基本的导航仪器。

后来，到了 1731 年的时候，英国科学家约翰·哈德利发明出一种反射象限仪，并很快发展成了六分仪——测量圆周的 1/6 的一种弓形仪器。它由一个三角形的架子组成，三角架的一边是一个弧形板，上面有刻度。一个分度指针在跟支架与弧形板交叉的枢轴上转动，反射镜将需测量夹角的两个物体反射到一起，观测者可以通过镜子同时看见地平线和太阳，之后便能用边缘标有刻度的象限仪量出两者之间的角度，确保船只的正确航线。

这个时候，问题又出现了：假如一艘船上没有一种可以正确测出船只方位的仪器，那么船很有可能因为微小的误差偏离航线而导致触礁沉没。而 1728 年，英国的一位木匠约翰·哈里森研制的航海天文钟的出现恰好填补了海上缺乏测定经度的精确仪器的空缺，成为了导航技术上的一大进步。

航标也是非常重要的海上导航。它是一种跟船舶有关的交通标志，帮助引导船舶航行、定位和标示碍航物与表示警告的人工标志。设于通航水域或其近处，以标示航道、锚地、滩险及其他碍航物的位置，表示水深、风情，指挥狭窄水道的交通。灯塔、浮标、雾号、雾钟等都属于航标。这其中的灯塔是行船人的航行指标，它明亮的灯光，在夜间可以为远航的船只照亮行程。尤其在那些危险的海域上，灯塔可以帮助船只避免海难的发生。早在公元前数百年灯塔就已经被使用，比如：公元前 280 年，亚历山大港外的法罗斯灯塔高达 85 米，以燃木材发光为信号，成为著名的古代灯塔。

伴随着科学技术的进步，海上导航也有了划时代的大发展。GPS 即为全球卫星定位系统，它能够精确地测定地球上任意一点的位置。在军事上，它能为飞机和导弹导航；在航海领域，它能为在茫茫大海上的船舶指明方向。

海上导航科技的进步，无一不是人类智慧的结晶。我们相信在不久的将来，还会有更加先进的技术设备诞生在世人面前，与海难作着不懈的斗争。

> 浮标是浮于水面的一种航标，通过锚链锚碇于水底固定标位。它应用广泛，既可以标示航道范围，又可以指示浅滩或者危及航行安全的障碍物。

▼ 船上装有 GPS 定位系统，大大方便了海员们的航行。

大航海时代

▲ 马可·波罗

对于人类来说，海洋充满了神奇，直到近代航海技术的进步，人们才逐渐认识了大海和大洋。海上探险的开始，让人们面对汹涌的大海不再惧怕。后来，欧洲的航海家和传教士们劈波斩浪远航到世界各地，开始了大航海时代。而大航海时代，正是无数勇敢的冒险家驾着小船，向广阔而神秘的大海挑战的时代。他们不畏艰难险阻，向未知的领域勇敢挑战。正是由于他们不断地新发现，从而激起了无数的人为之冒险……

出生在欧洲威尼斯的马可·波罗是一位著名的旅行家。元朝的时候，他途经印度来到中国，沿途记录下了许多资料，后来从泉州乘船回国。1295 年，他在威尼斯和热那亚的海战中被俘，在狱中写下了《马可·波罗游记》。正是这

—— 哥伦布
—— 麦哲伦
—— 达·伽马
—— 马可·波罗

▶ 航海路线图

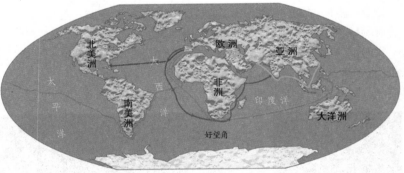

本书，打开了东西方文化交流的一扇窗口，它激起了欧洲人对东方的热烈向往，对以后新航路的开辟产生了巨大的影响。同时，西方地理学家还根据书中的描述，绘制了早期的"世界地图"。

郑和是我国伟大的航海家，也为世界航海史写下了光辉的一页。明朝前期，为了同海外各国加强联系，明成祖派郑和出使西洋，比其他国家的航海家早了近百年。郑和率领27 000 多人，乘坐 200 多艘海船，浩浩荡荡地从刘家港出发。到 1433 年，他先后出使西洋 7 次，历经了亚非 30 多个国家和地区，最远到达非洲的东海岸和红海沿岸。郑和下西洋不但促进了东南亚各国繁荣稳定，而且对亚洲各国的政治、

葡萄牙

葡萄牙在历史上是一个航海大国。15 ～ 16 世纪，葡萄牙开始进行殖民扩张，掠夺的土地远到非洲和亚洲，南美洲的巴西也是它的殖民地。这在很大程度上得益于它先进的航海技术。

经济、文化都产生了深刻的影响。

　　当时，还有一位环球航海的先驱——麦哲伦（1480～1521 年），他是葡萄牙航海家。早年参加葡萄牙远征队，曾到过印度马拉巴尔海岸、马六甲海峡和马鲁古群岛等地，后移民西班牙。在西班牙国王支持下，进行向西环球航行。1521 年 3 月 16 日到菲律宾群岛，不久在与马克坦岛土著人的冲突中被杀。1522 年 9 月 8 日，船队中的维多利亚号回到出发地。这次航行是人类历史上第一次环球航行，它以实践证明了大地球圆形说的正确性。

　　此外，英国的詹姆斯·库克也是一位伟大的探险家。同时，他还是一位航海家和制图学家。他由于进行了 3 次探险航行而闻名于世。通过这些探险考察，他给人们关于大洋，特别是太平洋的地理学知识增添了新的内容。尤其是在 1772～1775 年，他在第二次远航中穿越了南极圈，完成了人类历史上第一次环南大洋的航行。但遗憾的是却未能发现南极大陆，尽管如此，直到今天，无论是谈到北极探险，还是南极考察，总是要提到库克这个名字。

▲　1492 年 8 月 3 日，葡萄牙航海家哥伦布率探险船队从欧洲向西航行发现美洲大陆。在他之后，一些未知领域相继被发现。

▲　库克

海洋文化

蔚 蓝色的海洋约占地球面积的 70%，地球生命起源于海洋，我们人类的诞生也源于海洋，因此，人类文化的起源和发展都离不开海洋。海洋文化源远流长，同时，它也是人类文化的重要组成部分。

与内陆文化不同，海洋文化有其自身的特点。一是崇尚冒险，这是海洋文化的第一个重要特点。在海边生活，人们要生存下去就必须要冒险，甚至要冒很大的风险。第二个特点是开放性。海洋本身就是开放的，无法封闭的。第三个特点就是对各种文明兼收并蓄。广阔的海洋所联结的国家林林总总，人种、制度、文化差异非常大。第四个特点是团队精神非常强。航海的风险非常大，靠个人的力量很难抵御，因此需要更多的人组成团队，同心协力，按共同规则办事。

人类最早的航海是以独木舟为航海工具的。20 世纪初的历史学家埃利奥特·史密斯在《早期文化的移动》中指出：在新石器时代，从地中海到印度、到中国的沿海、到墨西哥、到秘鲁，存在着一种环绕地球的"日石文化"。它的存在表明：早在四五千年以前，人类便能以独木舟与木筏为航海工具，进行跨洋航行。这种奇迹般的航海能力，至今仍然可以在波利尼西亚人身上看到。可以说他们代表了人类早期最典型的海洋文化。

古地中海的海洋文化同样最早成为人类文明发展中不可缺少的一部分。它是古埃及文明、古巴比伦

▼ 据考证，波利尼西亚人的祖先凭借先进的航海技术，陆续到达许多岛屿，开始定居。北至夏威夷，东抵复活节岛，西南到达新西兰的广阔海域都有他们的后裔。

考古学家在迈锡尼遗址发掘出许多的黄金制品，显示出迈锡尼人先进的冶金技术。上图为迈锡尼国王的黄金面具。

文明、古希腊文明共同培育出来的一朵灿烂之花，成为联络三大文明不可缺少的中介。从技术上而言，古地中海的航海家早在四五千年以前便突破了独木舟航海时代。最早以航海术闻名天下的腓尼基人，发明了用苇草编制船只的技术，他们用苇草编制较大型的船只，航行于地中海各地。而后，在制木技术成熟后，又使用了大型木船。在这一前提下，地中海成为古代三大洲文明的交流渠道，也成为促进欧亚非三洲文明发展的要素。可以说，海洋文化对人类文明体现出较大作用，最早是在地中海区域。但是，地中海狭小的范围使这一区域的海洋文化更像是一个大的"湖泊文化"，比方说，古希腊人的航海不是以风为主要动力，而是以桨为主动力，所以，一艘希腊的战舰，常要配备上百名划桨的奴隶。然而，用桨可以征服湖泊与近海，却很难进入大洋。对古地中海的人来说，大西洋与印度洋都是极为可怕的区域，其原因在于他们使用风帆的技术不成熟。

古印度洋北岸则是人类海洋文化最早的发源地之一，早在 5 000 年前的哈拉帕文化时期，印度河流域与波斯湾一带已有了可观的海上联系。印度半岛像人舌一样深入太平洋，给印度人提供了

迈锡尼文明

迈锡尼文明是青铜时代晚期文化，分布于希腊大陆及爱琴海诸岛。因当时希腊最强的王国及其首都迈锡尼而得名。公元前 2000 年左右，希腊人开始在巴尔干半岛南端定居。从公元前 16 世纪上半叶起逐渐形成一些奴隶占有制国家，出现了迈锡尼文明。

迈锡尼文明掌握了航海技术，跨海征服克里特，远征小亚细亚半岛的特洛伊。荷马史诗记载的就是迈锡尼的故事。

航海的便利。5 000年以来，印度人利用季风航行于印度洋四周的亚非各国。如今东南亚诸国人口内，占很大比例的是印度人的后裔。一般认为，在中印两国的交往中，是中国人从陆上发现了印度，而印度人从海上发现了中国。在中国海洋文化发达以前，印度的海洋文化接古地中海海洋文化之后，是人类海洋文化最灿烂的文化成就。

▶ 印度人的祖先通过航海到过东南亚诸国，印度尼西亚的佛教文化遗迹，大多是他们的移民创造的。

北大西洋的海洋文化起源于中世纪的地中海，上接古代地中海海洋文明。不过，古地中海海洋文化的航行重点是在地中海，而北大西洋海洋文化的萌芽是在北大西洋的波涛上。这一海域的气候条件复杂多变，航行极为困难，因而，熟悉了这一海域的船长在世界各大洋都能航行自如。可以说，这一恶劣的自然条件是锤炼当地水手的最好练兵场。欧洲海洋文化的特点还在于擅长吸取科学技术于航海界，不断革新航海术与造船术。中国的指南针与炼钢术传入欧洲，使得欧洲船舶制造与航海能力得到飞跃性的发展。炼钢术带来的工具革命使欧洲人的制木技术进入一个新时代，从此大船的制造不再是神话；而指南针传入欧洲后，欧洲人以科学技术为指导，逐步将它改革为六分仪等航海仪器，从此，不论他们航行到哪里，都可知道自己在地球上的大概位置，加上地理知识的发展，从而使环球航行成为可能。因此可以说，环球航线由欧洲人最早建立，是科学技术与航海术相互影响的必然结果。欧洲人于 15

▽ 在中世纪中叶之前的几个世纪里，维京人活动在北大西洋周围的众多海域，四处掠夺，被称为"北欧海盗。"他们的造船技艺非常高，龙头船首尾几乎相同，不必掉头就能倒退航行。

世纪末开始探航世界，大约于 16 世纪末已控制了世界大部分海洋。总之，西方航海业发展的根本动力是科学技术的广泛应用。

除了上述的海洋文化系列之外，尚有美洲印地安人与阿拉伯人的海洋文化等。但印地安人的海洋文化基本是以"靠海吃海"的海洋采集业为主，航海工具是独木舟，并未超过波利尼西亚人的水平，所以，可以忽略不计。阿拉伯人的航海曾有很大的规模，但其主要生活区域缺少大片森林，或者说，古代的森林都被后人采伐殆尽，所以，在中世纪以后，阿拉伯人的航海便居于次要地位。

中国的海洋文化至少可以追溯到 7 000 年以前的河姆渡文化时期。从其食用海洋生物的文化遗存，可以看出：讨海已是他们主要生活方式之一。到了唐宋时代，中国的船只制造业已经远胜他国。许多记载表明：唐宋以来航行于东亚与西亚之间的船只，以中国的大型木船最好，不论哪一国的商人，都以乘坐中国帆船为最佳选择。由于当时中国的富强，这类大船很快在民间普及，长数十米，宽十余米，载重数百吨的庞然巨舰，成为沿海人家常备的商船。由这支举世无匹的船队支持的中国海洋文化走向世界颠峰，一直统治西太平洋与印度洋数百年。中国航海术的另一重要贡献是：发明了指南针，使人们在渺茫无际的大海上可以知道航行的方向，从而使脱离海岸的航行成为可能。

因此，当黑格尔提出海洋文化概念的时候，在他看来，海洋文化是使西欧区别于东方诸国的文化特征。其实海洋文化是人类文化的一种基本形态，在一切有海洋的地区，在一切有海岸线的民族中，都会有海洋文化的成分。

维京人在海上疯狂掠夺和征服，使欧洲进入长达几个世纪的"黑暗时代"。

克里特文明

克里特岛位于欧洲的东南端，是爱琴海上最大的岛屿。克里特文明是青铜时代中、晚期文化，又称"米诺斯文明"（源于古代希腊神话中之克里特王米诺斯的名字）。地中海东部的克里特岛是古代爱琴文明的发源地，欧洲最早的古代文明中心。

海洋生物资源

▲ 海带是最早被人们开发利用的一种海洋蔬菜，据科学家测定，海带碱度最大，为碱性食品之王。

海洋是生命的摇蓝。从第一个有生命力细胞诞生至今，仍有 20 多万种生物生活在海洋中，其中海洋植物约 10 万种，海洋动物约 16 万种。从低等植物到高等植物，植食动物到肉食动物，加上海洋微生物，构成了一个特殊的海洋生态系统，蕴藏着巨大的生物资源。据估计，全球海洋浮游生物的年生产量（鲜重）为 5 000 亿吨，在不破坏生态平衡的情况下，每年可向人类提供大量的水产品，这是一座极其诱人的人类未来食品库！

海洋生物资源有其自身的特点：它是有生命的，能自行增殖，并不断更新的资源，但从另一方面说，它因为是通过活的动植物体来繁殖发育，使资源得以更新和补充，具有一定的自发调节能力，是一个动态的平衡过程。但是一旦其生态系统平衡遭到破坏，就意味着海洋生物资源的破坏。

首先要说的是藻类。它在海洋生物资源中占有特殊的重要地位。它能够自力更生的进行光合作用，产生大量的有机物质，为海洋动物提供充足的食物。同时，它在光合作用中还释放大量的氧气，总产量可达 360 亿吨（占地球大气含氧量的 70％），为海洋动物甚至陆上生物提供必不可少的氧气。大型藻类有人们熟悉的紫菜、海带等。它们在海底构成"海底农场"，有森林，又有草原。有一种巨藻，堪称世界植物之最，从几十米，至上百米，最高可达 500 米高，重达 180

多千克，生长速度之快，一年可长50余米，而且它的年龄可长达12年之久。海藻在工业、农业、食品及药用方面有很重要的价值，除食用外，可从中提取褐藻胶、琼脂、甘露醇、碘等，可作为一种新的生物能源。

海洋生物中最重要、最活泼的当属动物资源，其中有1.5～4万种鱼类，对虾等壳类2万多种，贝壳等软体动物8万多种，还有鲸、海参、海豹、海象、海鸟等，构成了生机盎然的海洋世界，也构成了经济效益很好的海洋水产业，其中鱼类是水产品的主体，也最重要。

目前，全世界从海洋中捕捞的6000万吨水产品中，90%是鱼类，其余为鲸类、甲壳类和软体动物等。鱼类种类较多，可供食用的就有1500多种。鱼类可谓全身是宝，营养经济价值很高，含有大量的蛋白质，味道鲜美。据说，吃鱼可使人大脑聪明，还具有医疗价值和作为精细化工业的贵重原料。

在海洋中，还有一个不可忽视的部分就是海洋微生物，主要是细菌、放线菌、雪菌、酵母菌、病毒等，它们数量极大，分布不均。假设海洋中没有微生物存在，那么海洋中一切物质就不能循环，但它们的活动，也使渔业生产受到一定的损失。近年来，研究表明，在海洋微生物中可以提取一些特殊的生物活性物质，对治疗疾病有神奇的疗效。

世界上所有的沿海国家，以及一部分非沿海国家都在开发利用海洋生物资源。但是，由于各种不同的原因，各国海洋渔业的发展水平差别很大。长期以来，日本和原苏联是渔业产量超过1000万吨的渔业大国。中国的渔业发展比较快，1990年渔业产量达到1200多万吨，成为第一渔业大国。美国、加拿大和欧洲的一些国家，以及南朝鲜和东南亚的某些国家，渔业也比较发达。

▼ 据科学家估计，海洋的食物资源是陆地的1000倍，它所提供的水产品能养活300亿人口。地球上生物资源的80%以上在海洋。

海洋矿藏资源

▲ 整个海底大约覆盖着 3 万亿吨锰结核，仅太平洋就有 1.7 万亿吨。

▼ 海底蕴藏着丰富的石油和天然气资源。据不完全统计，海底蕴藏的油气资源储量约占全球油气储量的 1/3。

用"聚宝盆"来形容海洋资源是再确切不过的。单就它的矿产资源来说，其种类之繁多，含量之丰富，令人惊叹。在地球上已发现的百余种元素中，有 80 余种在海洋中存在，其中可提取的有 60 余种，这些丰富的矿产资源以不同的形式存在于海洋中：海水中的"液体矿床"；海底富集的固体矿床；从海底内部滚滚而来的油气资源等等。

海水中最普通的是盐，即氯化钠，是人类最早从海水中提出的矿物质之一。另外还有一种镁盐，它们是造成海水又咸又苦的主要原因。除了这两种外，还有钾盐、碘、溴等几十种稀有元素及硼、铷、钡等，它们一般在陆地上比较少，而且分布较分散，但又极具价值，对人类用处很大。中国人"煮海为盐"的历史则可以追溯到 4 000 年前的夏代。早期海盐，是支起大锅用柴火煮熬出来的，在汉、魏以前的历史书上多有记载。随着科技的发展，开辟盐田，利用太阳和风力的蒸发作用晒海水制盐的工艺比起煮海为盐有了很大的进步。

除此以外，据估计海水中含有的黄金可达 550 万吨，银 5 500 万吨，钡 27 亿吨，铀 40 亿吨，锌 70 亿吨，钼 137 亿吨，锂 2 470 亿吨，钙 560 万亿吨，镁 1767 万亿吨等等。这些东西，大都是国防工农业生产及生活的必需品。例如镁是制造飞机、快艇的材料，又可以做火箭的燃料及

照明弹等,是金属中的"后起之秀",而世界上目前有一半以上的镁来自海水。

海水是宝,海洋矿砂也是宝。海洋矿砂主要有滨海矿砂和浅海矿砂。它们都是在水深不超过几十米的海滩和浅海中由矿物富集而具有工业价值的矿砂,是开采最方便的矿藏。从这些砂子中,可以淘出黄金,而且还能淘出比金子更有价值的金刚石、石

▲ 在海底裂谷处,富含金属的热溶液从洋底的孔隙处高速喷射出来,在遇冷海水后温度迅速降低,其中的金属便沉淀到海底,堆积成矿,即热液矿。这种矿中含有金、银、铂、铜、锡等多种金属,被称为"海底金银矿"目前被科学家认为是最有开发前途的矿藏。

英、独居石、钛铁矿、磷钇矿、金红石、磁铁矿等,所以海洋矿砂成为增加矿产储量的最大的潜在资源之一,愈来愈受到人们的利用。这种矿砂主要分布在浅海部分,而在深海底处,更有着许多令人惊喜的发现:多金属结核锰结核就是其中最有经济价值的一种。它是在 1873 年 2 月 18 日,英国一艘名为"挑战"号的考察船在北大西洋的深海底处首次发现的。这些黑乎乎的,或者呈褐色的锰结核鹅卵团块,是由锰、铁、镍、铜、钴等多金属的化合物组成的,而其中以氧化锰为最多。由此,这种团块被命名为"锰结核"。现代人又称它为多金属团块。它们有的像土豆,有的像皮球,直径一般不超过 20 厘米,呈高度富集状态分布于 300 ~ 6 000 米水深的大洋底表层沉积物上。

石油和天然气是遍及世界各大洲大陆架的矿产资源。石油可以说是海洋矿产资源中的"宠儿",又被称为"黑色的金子"。它们都是人们现代生活中不可缺少的重要矿产。

石英砂的化学名称是二氧化硅 (SiO_2),属于非金属砂矿。石英砂是生产玻璃的重要原料。石英砂中的硅元素是半导体材料。钟表、精密仪器、电脑、火箭导航等自动化技术离不开硅。

海洋动力资源

海洋动力资源主要指海水运动过程中产生的潮汐能、波浪能、海流能及海水因温差和盐度差而引起的温差能与盐差能等。

海洋动力资源的特点为：首先蕴藏量大，可再生。估计全球海水温差能可利用功率达 100 亿千瓦，潮汐能、波浪能、海流能及海水盐差能等可再生功率均为 10 亿千瓦；其次能流分布不均、密度低。大洋表面层与 500 ～ 1 000 米深层间的较大温差仅 20℃左右，沿岸较大潮差 7 ～ 10 米；最后能量多变，不稳定。其中海水温差能、海流能和盐差能的变化较慢，潮汐和潮流能呈短时周期规律变化，波浪能有显著的随机性。

潮汐是一种世界性的海平面周期性变化的现象，由于受月亮和太阳这两个万有引力源的作用，海平面每昼夜有两次涨落。潮汐作为一种自然现象，为人类的航海、捕捞和晒盐提供了方便，更值得指出的是，它还可以转变成电能，给人类带来光明和动力。潮汐发电是一项潜力巨大的事业，经过多年来的实践，在工作原理和总体构造上基本成型，可以进入大规模开发利用阶段。20 世纪初，欧、美一些国家开始研究潮汐发电。第一座具有商业实用价值的潮汐发电站是 1967 年建成的法国郎斯电站。

▼ 海洋的波浪中蕴藏着巨大的能量

波浪虽然只是海水质点在原地的圆周运动，它那一起一伏的运动能量也是十分巨大的，由此就产生了波浪能。有人计算，1 平方千米海面上的波浪能可以达到 25 万千瓦的功率。海浪的破坏力大得惊人，扑岸巨浪曾将几十吨的巨石抛到 20 米高处，也曾把万吨轮船掀上海岸，更曾把护岸的两三千吨重的钢筋混凝土构件翻转。波浪能量如此巨大，存在的如此广泛，不禁让人们想尽各种办法，企图驾驭海浪为人所用。最早的波浪能利用机械发明专利是 1799 年法国人吉拉德父子获得的。1854 ～ 1973 年的 119 年间，英国登记了波浪能发明专利的有 340 项，美国就为 61 项。有关专家估计，用于海上航标和孤岛供电的波浪发电设备有数十亿美元的市场需求。这一估计将会更加促进一些国家波浪发电的研究工作。

　　海流的流向是固定的，因此又称"定海流"。人类对海流传统的利用是"顺水推舟"，古人利用海流漂航。帆船时代，利用海流助航正如人们常说的"顺水推舟"。18 世纪时，美国政治家兼科学家富兰克林曾绘制了一幅墨西哥湾流图。该图特别详细地描绘了北大西洋海流的流速流向，供来往于北美和西欧的帆船使用，大大缩短了横渡北大西洋的时间。

　　海水的温差能就是利用海洋表层水温和稍深处水温的温度差别蕴含巨大的热力位能，用它可以转换成电力供人利用的一种能源。温差发电的基本原理就是借助一种工作介质，使表层海水中的热能向深层冷水中转移，从而做功发电。盐差能发电是利用河口海域咸淡水之间盐度的明显差异，把化学能转化为电能。日本、美国、以色列、瑞典等国均在进行研究、试验中。

▲　人们掌握了海流的流向，顺着它的方向航行，既省时又省力。

　　由于海洋温差能开发利用的巨大潜力，海洋温差发电受到各国普遍重视。目前，日本、法国、比利时等国已经建成了一些海洋温差能电站，功率从 100 ～ 5 000 千瓦不等，上万千瓦的温差电站也在建设之中。

海洋资源的开发

▲ 海水养殖

在蔚蓝色的海洋中蕴藏着极其丰富的生物资源，像我们所熟悉的海产品；在大洋底部还沉积了许多珍贵的金属矿产资源，比如钾、镁、锰等；除此以外，海洋化学资源和海洋动力资源的发展空间也很广阔。这些宝贵的自然资源丰富了海洋，也丰富了人们的生活。随着科学技术的进步，现代海洋资源的开发利用显得愈来愈重要。从传统的海洋产业，到如今包括海洋能源、海洋矿产资源、海水资源综合利用和海洋空间利用领域里，一些新兴的海洋产业，在新世纪里将会有更大的发展。

首先，海洋渔业的开发利用，主要是引导渔民合理捕捞和海洋"农牧化"，发展水产品的养殖。海带、紫菜、裙带菜、石花菜、麒麟菜、鹧鸪菜等都是人们喜欢食用的经济藻类。随着技术的进步，许多海上牧场又从单一养殖逐步实现立体养殖。海水的表层用来养殖海带等海藻，底层用来养殖蟹贝，中间层用来养殖经济鱼或虾等，实现海水立体养殖业。

热液矿床，又叫多金属软泥，是人们在大洋深处发现的重要矿物资源。海底热液矿床含有多种金属元素，除了富含铜、锌、铅、铁、锰等金属之外，在一些海域里还发现含有银、金、钴、镍、铂等贵金属，并达到工业开采标准。这一发现让人兴奋不已，专家们称这是发现了"海底金银库"。此外，海底还蕴藏着丰富的石油和天然气资源。生物化学作用和地壳构造运动形成了石油矿藏，经过沧海桑田的变迁，有些油藏分布在陆地上，有些分布在海洋里。分布在海底下的油藏相对于陆地油藏而言，称为海洋石油。中东地区的波斯湾，美国、墨西哥之间的墨西哥湾，英国、挪威之间的北海，中国近海包括南沙群岛海底，都是世界公认的海洋石油最丰富的区域。据不完全统计，海底蕴藏的油气

海水提碘

碘是应用已久的药用元素和化工原料，又是近代用于人工降雨和火箭添加剂中不可缺少的物质。常规外用药碘酒，就是把碘溶在酒精里制成的。碘主要存在于海水里，海水中的碘可以富集到海藻中去。干海带含碘量高达1%，为制碘创造了良好的条件。

资源储量约占全球油气储量的1/3。如何将它们开发出来为人所用，将是展现在人类面前的一个新课题。

　　水，是所有一切生命的来源。而陆地上的淡水资源非常匮乏，面对着容量巨大的海水资源，如何将海水淡化使之成为符合人类需求的生产和生活用水，将会是一个全新的途径。海水淡化技术，亦称海水脱盐技术，它是利用化学的或物理的方法，除去海水中所含的盐的成分，以获取淡水的工业技术。早在1953年的时候，科威特就建起了第一座日产3 785立方米的海水淡化厂。现在，科威特拥有5座大型海水淡化厂，日产淡水885 700立方米，居民用水和工业用水完全自给。另一座海水淡化厂正在建设中。这6座海水淡化厂生产的淡水，可满足2 000年后科威特人生产和生活的需要。而位于科威特市区东端海滨的是最著名的科威特大塔群，其中有两座分别高187米和147米的淡蓝色球形储水塔，各能储水3 785立方米，这一塔群如今已成为科威特的标志。

▼ 科威特的储水塔

水下实验室

▲ 在美国佛罗里达州拉哥礁海底，有一个名叫"宝瓶座"的海底实验室。它是当今世界仅存并仍在运作的海底研究站。

海底居住、生活是人类返回海洋的最高理想。人工岛、海上城市，仍然是与海水隔绝的生活、居住空间。海底生活、居住则要求人与海洋融为一体。科学家为此研制了一种新型科研设施——"海底实验室"。

它是一种设于海底供科学工作者、潜水员休息、居住和工作的活动基地。又称水下居住舱。通常配有水面补给系统、人员运载舱和工作室3部分。外部一般附有高压气瓶、压载水舱和固体压载等。通过压载水舱注水或排水使实验室下潜或上浮。实验室的电力、呼吸气体、淡水和食物，都由陆上、补给船或补给浮标等补给站通过"脐带"供应。

事实上，人类海底居住的许多问题与航天有相同之处。这些问题包括呼吸问题、压力问题、失重问题。为了人类海底居住，科学家们一直没有停止过研究和试验。早年，法国的杰克·库斯特、美国海军的乔治·邦德做出过成功试验。1963年，库斯特等7人进入一个名为"海星屋"的水下居室。它们在10～30米水深的海底生活了30天。他们靠海面支援船供应的氮氧混合气体呼吸。"海星屋"外系留着一艘小型潜艇，供屋内人员外出工作。库斯特等人非常满意他们的水下生活，以至失去了重返海面的兴趣。不过，他们在氮氧空气中生活也遇到相互交谈

未来海底居室

方面的困难。由于氮氧混合气体传播声音的性能与正常空气不同，他们互相讲话时，听起来像一群鹅在吵架。

可是他们为什么不使用正常空气，而使用氮氧空气呢？

原来，正常空气由大约4/5的氮气和大约1/5的氧气组成。在水下高压中空气溶入人体组织和血液中的数量增大，就像密封加压的汽水瓶中，溶解有较多的气体一样。空气在海底高压下溶入人体达到饱和状态，人体并无不适，且可长期生活、工作。这一事实说明人类可以在高压的水压下生活，并由此发展了"饱和潜水技术"。但是，当潜水员上浮减少水深和压力时，必须非常缓慢地进行，否则溶入人体组织和血液中的空气不能顺利排出，人就会得致命的"减压病"。特别是空气中的氮气，对人体组织有麻醉作用，危害极大。为此，使用惰性气体氦或氖代替氮气，与氧气混合供海底人员呼吸。同时，在岸上或支援船上有"减压室"，潜水员出水后，进入减压室缓慢减压，使溶入人体内的空气排出，重新适应地面生活。

现在，根据饱和潜水技术设计的水下各种实验室，为人类提供了海底行动的基地。它们在海洋考察、海洋工程以及军事等方面有着重要作用。通过它们，可进行海洋生物、海洋地质、海洋水文、物理、化学等方面的现场观测，也可通过它们勘探海底石油、天然气，建造水下工程设施，进行水下反潜警戒监测等。

水下实验室

水下实验室的设想是20世纪20年代提出的。美国的"海中人"1号和法国的"大陆架"1号水下实验室率先在地中海试验，到了1977年1月，前苏联的"底栖生物300"号水下实验室，作业深度已达300米，自持力14天，可容纳12名乘员。当代水下实验室的下潜深度可超过300米，在没有补给的情况下，作业期限通常为两周，最长可达59天。

海洋——旅游的胜地

▲ 人潮如涌的海滨沙滩

在地球自然景观中，人类对海洋有着一种特殊的情感和向往。

海洋辽阔广大，使人心怀宽广；海洋深邃、神秘，使人含蓄、谦逊、虚心、睿智；海洋潮涨潮落有定时，让人守信；海洋波翻浪滚使人热情奔放，惊涛骇浪又使人勇敢无畏；海洋五彩缤纷，使人感情丰富；海洋把岩石变成白沙，使人刚毅柔韧。当你站在海滨高高的碣石上的时候，眼前尽是浩瀚的沧海，使人感到平静而又充满遐想，获得心灵上极大的满足。总之，海洋可以陶冶人的性情。不仅如此，海洋还拥有丰富的旅游资源，海滨是人们向往的地方。我国的北戴河、青岛都是著名的海滨旅游区。澳大利亚大堡礁奇观举世无双；夏威夷群岛美名天下扬。海上壮丽的日出与庄严的日落叫人身心俱醉，卷起千堆雪的拍岸惊涛更是惊心动魄……

海洋旅游胜地，一般是以具有美学价值的海岸为依托，以辽阔壮观的海洋为主景，与清澈透明的海水、洁白平缓的沙滩、风和日丽的气候相结合，组成独特的海滨景观地。这些海滨景观地就是宝贵的海洋旅游资源。因此，海洋旅游包括海滨观光、海滨休憩、休闲、度假、疗养、海水浴场、海上体育、娱乐活动和钓鱼、海底探险活动等。主要是享受阳光、沙滩、海水、海鲜和新鲜空气等大自然的赐予。发展海洋旅游是步入小康和富裕社会人民生活质量提高的重要标志和必然需求。对国民经济来说，发展海洋旅游可以回笼货币，增加收入。在吸引国际游客方面，海洋度假休闲旅游可以为国家创收大量的外汇。因此开发海洋旅游是一项非常重要的新型海洋产业。

海滨度假休闲旅游是利用假期到海滨居住生活一段时间，主要是为了休息、疗养、调节神经、恢复健康，以充沛的精力重新投入工作。随着经济的发展和技术进步，休假的日期增加了，加上人们经济收入的普遍提高，度假旅游已经成为大众性的社会潮流。特别是海滨度假旅游，成为最吸引人的休闲活动。

大西洋、地中海沿岸的西班牙号称"旅游王国"。全国海岸线约3 140千米，开发成四个大旅游区。西班牙海滨旅游区，沙滩平缓、海水澄澈、阳光灿烂、气候干爽。西班牙风情独特，人文景观绚丽多姿。西班牙舒适宜人的海滨旅游设施，吸引大批来自世界各地富裕国家的旅客到此度假、消闲。1978年西班牙旅游业接待国外游客3 800万人，第一次超过本国人口数目（3 500万）。1982年接待国外游客4 200万人，收入74亿美元，是当时世界上接待外国游客和旅游外汇收入最多的国家。旅游业成为该国国民经济的支柱产业。难怪西班牙人曾经风趣地说：我们出售的是沙滩、海水、阳光和海鲜。

我国海南岛热带海滨旅游资源丝毫不亚于泰国、西班牙等沿海国家，也堪与美国的夏威夷相媲美。它将成为千百万国内游客休憩、观光旅游的理想目的地。

南戴河再往南即是昌黎县的"黄金海岸"。此段海岸分布着堪称世界第一的沙丘群。这里的沙滩长度比北戴河、南戴河加起来还要长。改革开放后，十年间，这里也从荒滩建成设备完善的海滨度假旅游区，每年夏季吸引了无数北京、天津、唐山市的游客，当地财政也由此受惠不浅。命名为"黄金海岸"即指此处乃寸土寸金之地。

▲ 海底游览成为大堡礁旅游业的一大热点

海底观光

▲ 潜水钟是一种潜水运载器，用于水下建筑工程和海上钻油台的维修工作，有时也用于潜入水中援救遇难船员。

海底观光是 20 世纪后半叶兴起的一种海洋旅游活动，丰富多彩的海底世界引起人们的探索兴趣，但是长久以来，由于受技术手段和经济条件的限制，一般人无法潜入海底世界，亲眼目睹奥妙无穷的海底风光。自从第一艘旅游潜艇用于海洋旅游中，才使普通游客有了观赏海底的机会。

首先，人类的潜水活动是走进海底观光的第一步，它最早可以追溯到 5 000 年前。那时候，为了获取海水中珍珠母壳装饰品，美索不达米亚的居民很早就开始这项活动。可以想象，在那个时期，不可能有潜水装置，无疑是裸潜。后来，关于潜水的记载多见于海战的战史中。公元前 5 世纪的希腊战争中，就有关于利用人潜入水中，切割敌舰的锚链或在敌舰底部打洞的记载。

随着时代的发展，潜水不仅仅是人们为了生存的一种生活手段，它现在已经成为大多数人休闲娱乐的一种方式。娱乐潜水又称体育潜水，它是众多航海水上运动项目之一，它通常分为两大类，即裸潜和斯库巴潜水。裸潜为自由潜水，比赛方式也比较简单。这项活动的潜水者使用的器具，主要是简易面罩，或护目镜和吸管。斯库巴潜水是指潜水者携带自给式水下呼吸器进行的潜水活动，它的装置包括：开式回路自携式水下呼吸器、面罩、救生背心、压铅带、潜水刀、脚蹼、潜水表和深度表等。娱乐潜水可以让人体会到与众不同的美妙乐趣，感受这个梦幻般的水下世界。

后来，随着科学技术的发展，海底居室的出现使人们生活在海底的梦想有了实现的机会。1969 年 2 月 15 日，4 名美国海军科学家下潜到建筑在维尔京群岛的圣约翰附近的"泰克泰特"海底居住舱里生活。这 4 名美国科学家在海底居住舱内生活了两个月，得到了生理和心理两方面的多种数据，为实现久居海底生活

▲ 海底拍照

提供了最有价值的实验。由于这次实验获得成功，在 20 世纪八九十年代里，各种不同类型、不同用途的海底居室相继问世。有的是专供科学家研究的，有的是专为海底旅游建筑的海底居住舱，有的新婚年轻人专门在海底举行婚礼，非常浪漫新颖。

除此以外，水下摄影也是海底观光的一种方式。水下摄影一般分为两种：一种是由潜水员携带水下照相机进行水下摄影；另一种是通过遥控系统，操纵照相机进行水下摄影。对于前一种，摄影者要穿着潜水服，带着专用的水下照相机，潜入海底，进行直接拍摄。而后一种，通常是由于潜水者难以到达的深度，或者拍摄条件非常复杂，必须借助海面装备支持才能进行水下拍摄。

▲ 一些新人选择在海底举行特别的婚礼

1776 年木质的"海龟"号潜艇，虽然能够借助浮箱来控制上浮和下潜，通过转动手摇推进器在水中前进，但不易控制下潜的深度，对于水中作业十分不便。

海洋调查

▲ 现代的海洋调查船集现代科技技术为一体，大大方便了海洋考察工作。

海洋调查是人们了解掌握海洋环境要素的基本方式。从20世纪70年代后，海洋调查逐步形成特定海域里的立体观测系统。在这个系统里有卫星、飞机、调查船、海洋站和监测浮标等。

海洋调查船是人们了解认识海洋，研究海洋的主要工具之一。按其用途，海洋调查船分为：海洋综合调查研究船、专用海洋调查船、海洋测量船、海洋考察船、海洋气象调查船以及实习船。海洋调查船从19世纪下半叶（1872年）英国的"挑战者"号出现算起，已有100多年的历史。1872～1876年，英国考察船"挑战者"号进行了环球航行，成为第一次真正意义上的海洋科学考察。这次航行航程6.9万海里，它的航行标志着海洋科学的开始，它的考察方法和所获得的大洋观测资料，为今天海洋科学的各个分支学的研究打下了基础。研究海洋科学史的人一般认为，19世纪的这次为时 4 年多的科学考察，奠定了海洋学的基础。

"格洛玛·挑战者"号是一艘美国海洋钻探船，建成于 1968 年，船长 121 米，宽 19 米，船上配备钻控井架，能在水深 6000 米的大洋底钻孔取岩芯。该船有较高的动力定位能力，通过安装在船底的声呐信标和在船舷上的水听器控制推力器，经过计算机信息控制，使其达到精确的动力定位。该船在随后数年的钻探调查研究中，积累了大量的最新地质和海洋科学资料，在板块构造、地球化学、古气候学以及在考古学、古海洋学研究方面都作出了杰出的贡献。

海洋遥感是指从高空，利用自然可见光、红外线、微波和激光等技术手段，探测海洋环境，对海洋水色、海水温度、海流、海浪和海岸带等环境进行监测。海洋遥感一般分为两类：一是海洋遥感技术，它是利用飞机作工作平台；另一类是航天遥感技术，它是利用人造卫星等航天器作为工作平台。如海洋遥感卫星、气象卫星等。

有人把海洋监测浮标称为"无人浮标站"，它的最大优势是：造价低，监测资料准确、连续，不受气象等环境影响。正因为如此，近些年来，不同功能和用途的监测浮标相继问世，发挥着其他海洋调查设备无法替代的作用。海洋学家们说"海洋监测浮标"是海洋观测的哨兵，是海洋学家最忠实的"情报员"。现在，海洋监测浮标有固定式，如锚定浮标；自由漂流式，如漂流浮标和潜标等。

人们就是通过以上这些海上调查方式，来了解海洋的基本环境要素。随着时代的发展，我们更期待会有更好的调查工具出现。

深潜器

深潜器是用于深海调查的潜水艇。人们掌握深潜技术已有上百年的历史，但是，直到 1960 年人们利用"迪里雅斯特"号深潜器，成功潜入被人们称之为"地球深渊"的马里亚纳海沟——10 848 米的深海底，才标志着载入深潜器已经可以潜入到世界大洋的任何地点，现代海洋工程已进入一个新的时代。

▼ 海洋调查人员将浮标放置到水中

海洋污染与保护

▲ 海洋水质污染，造成大量的海洋生物死亡。

海洋是人类的宝贵财富，是一个拥有丰富生物和矿产资源的"聚宝盆"。可是由于环境污染，海洋却逐渐变为一个废污物的"仓库"，尤其是海洋石油污染，更加破坏了海洋的生态环境。当浑身沾满石油的海鸟寸步难行，只好坐以待毙时；当海豚、海龟、鱼类因为石油污染而无法呼吸时，作为地球的主人——人类是不是应该因此而内疚，而反思呢？

海洋污染是指由于人类活动，直接或间接地把物质或能量引入海洋环境，造成或可能造成损害海洋生物资源、危害人类健康、妨碍捕鱼和其他各种合法活动、损害海水的正常使用价值和降低海洋环境的质量等有害影响。

由于海洋的特殊性，海洋污染有其自身的特点：首先是污染源广。除人类在海洋的活动外，人类在陆地和其他活动方面所产生的各种污染物，也将通过江河径流入海或通过大气扩散和雨雪等降水过程，最终都将汇入海洋。据资料表明，海上污染的80%来自陆地，陆源污染

物向海洋转移，是造成海洋污染的主要根源。其次是持续性
强。海洋是地球上地势最低的区域，它不可能像大气和江河
那样，通过一次暴雨或一个汛期使污染得以减轻，甚至消
除。一旦污染物进入海洋后，很难再转移出去，不能溶解和
不易分解的物质在海洋中越积越多，它们可以通过生物的浓
缩作用和食物链传递，对人类造成潜在威胁。第三是扩散范
围广。全球海洋是相互连通的一个整体，一个海域出现的污
染，往往会扩散到周边海域，甚至扩大到邻近大洋，有的后
期效应还会波及全球。第四是防治难危害大。海洋污染有很
长的积累过程，不易及时发现，一旦形成污染，需要长期治
理才能消除影响，且治理费用较大，造成的危害会波及各个
方面，特别是对人体产生的毒害更是难以彻底清除干净。

　　这其中最为严重的就是油污染。海洋中的石油泄露，会
给鸟儿带来灾难性的后果，石油会严重地污染它们的栖息
地，使它们无家可归。1989 年 9 月，装载近 19 万立方米原
油的"埃克森·瓦尔迪兹"号油轮，在美国阿拉斯加瓦尔迪
兹以南的威廉王子海峡触礁，大约 4 万立方米原油泄入海
中，导致 300 万只海鸟死亡。

　　海洋污染的状况愈来愈严重，有鉴于此，世界各国划分
了专属经济区，督导各国切实做好海洋环境保护工作。按
《联合国海洋法公约》，全球 144 个沿海国家除拥有 12 海里
领海权外，其管辖面积可外延至 200 海里。海洋中的一座小
岛将使岛屿所在国沿各个方向拥有 200 海里的资源管辖权
限。除此以外，一些沿海国家和地区还相继建立起各种类型
的海洋保护区。

▲　从工厂排出的污水必须经过处
理才能注入海洋，这是防止海洋水
体污染的有效途径之一。

《未来水世界》
　　《未来水世界》是美国好
莱坞经典大片之一。剧情讲
的是公元 2500 年，地球因温
室效应而上升的水位将世界
淹没在一片汪洋之中，人们
为了寻找陆地而展开的故事。
影片留给人们更多的是对生
态环境保护的思考和对人类
未来命运的关注。

全球海洋合作

▲ 现代高新技术的应用已经使海洋仪器向着精确、灵敏、长期和高效的方向迅速发展。精密的温盐密度仪深度分辨率可达到1米。

20世纪50年代以后，由于海洋在战略上和经济上的重要意义日益为人们所认识，世界上相继建立了不少与海洋有关的国际机构，如海洋研究科学委员会、联合国教科文组织政府间海事委员会等。国际机构多次组织了规模宏大的国际海洋联合考察，如1955年由美国、日本、原苏联、加拿大等国参加的"国际北太平洋合作调查"等。

在1957～1958年国际地球物理年中，进行了许多的全球合作海洋观测调查。这项规模空前的海洋调查由17个国家的70多艘船只参加，重点观测区是南极和北极地带、赤道地区。之后，还成立了世界海洋资料中心，使海洋研究进入了新的发展阶段。在1960～1964年的"国际印度洋调查"中，首次使用了精密回声测声仪、电导盐度计等新型测量仪器和测定海洋生物生产力的新方法等，以划时代的观测精度，出色地完成了观测任务。此外，人们还发现了一系列的新海山、南纬15°附近冷涡、群岛上升流渔场等。

1971～1981年进行的"国际海洋考察十年"计划是整个20世纪70年代国际海洋联合调查的主体，它由美国、英国、法国、原苏联、日本、加拿大等30多个国家参加。整个计划包括海洋环境调查、资源调查、地质学和物理学调查。与此同时，高速发展的现代科学技术，特别是计算机技术、深潜技术、声学和光学技术以及遥感技术在海洋研究中的应用，使人类认识海洋的能力空前提高，成为现代海洋科学发展的关键。目前，各种性能的调查船和卫星、飞机、海洋浮标、水下实验室、潜水器等相结合，已经形成了从天空、海面到海底的立体海洋监测体系。

其中，潜水器技术发展十分迅速。无人遥控潜水器，也称水下机器人，它的出现与广泛使用，为人类进入海洋从事各种海洋产业活动提供了技术保证。

水下机器人的工作方式是：由水面母船上的工作人员，通过连接潜水器的脐带提供动力，操纵或控制潜水器，通过水下电视、声呐等专用设备进行观察，进行水下作业。现在，无人遥控潜水器主要有，有缆遥控潜水器和无缆遥控潜水器两种，其中有缆遥控潜水器又分为水中自航式、拖航式和能在海底结构物上爬行式三种。目前，无缆遥控潜水器仍然处于研究、改进阶段，还有一些关键技术问题需要解决。

总之，无论是潜水器的研究还是海洋环境的保护，都需要世界各国一起携手努力，走共同合作的道路，才能使我们居住的这个蔚蓝色的星球更加美丽、富饶。

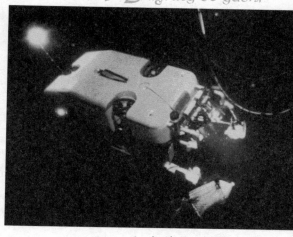

▲ 水下机器人遥控作业

▲ 水下机器人在深海中作业

通过最近几十年的全球海洋合作调查研究，使人们在导航系统、海洋地质钻探、深潜技术、浮游生物采集和海水分析技术方面，都有长足进步。因此，人们对海洋的认识也越来越全面而深入，对海洋资源的了解也越来越深刻。

图书在版编目（CIP）数据

海洋的故事 / 田雨编. —合肥：安徽科学技术出版社，
2012.3
（中小学生最爱的科普丛书）
ISBN 978-7-5337-5500-3

Ⅰ.①海… Ⅱ.①田… Ⅲ.①海洋 – 普及读物 Ⅳ.①
P7-49

中国版本图书馆 CIP 数据核字（2012）第 052741 号

海洋的故事　　　　　　　　　　　　　　　　　　　　　　田雨　编

出 版 人：黄和平　　　　责任编辑：吴　夙　　　封面设计：李　婷
出版发行：时代出版传媒股份有限公司　http://www.press-mart.com
　　　　　安徽科学技术出版社　　　　　http://www.ahstp.net
　　　　　（合肥市政务文化新区翡翠路 1118 号出版传媒广场, 邮编:230071）
印　　制：合肥杏花印务股份有限公司

开本：720×1000　1/16　　印张：10　　字数：25 万
版次：2012 年 3 月第 1 版　　印次：2023 年 1 月第 2 次印刷

ISBN 978-7-5337-5500-3　　　　　　　　　定价：45.00 元